U0296347

饮食男女

蔡澜 著

南方出版传媒
广东人民出版社
·广州·

图书在版编目（CIP）数据

饮食男女／蔡澜著.—广州：广东人民出版社，2017.12
ISBN 978－7－218－12368－4

Ⅰ.①饮…　Ⅱ.①蔡…　Ⅲ.①饮食－文化－中国
Ⅳ.①TS971.2

中国版本图书馆 CIP 数据核字（2017）第 296991 号

YINSHI NANNÜ

饮食男女

蔡　澜　著

出　版　人：肖风华

总　策　划：肖风华
主　　　编：李怀宇
责任编辑：李展鹏
封面设计：张绮华
责任技编：周　杰

出版发行：广东人民出版社
地　　址：广州市大沙头四马路 10 号（邮政编码：510102）
电　　话：(020）83798714（总编室）
传　　真：(020）83780199
网　　址：http://www.gdpph.com
印　　刷：恒美印务(广州)有限公司
开　　本：889mm×1194mm　1/32
印　　张：10.25　字　数：230 千
版　　次：2017 年 12 月第 1 版　2017 年 12 月第 1 次印刷
定　　价：69.00 元

如发现印装质量问题，影响阅读，请与出版社(020‑83795749)联系调换。
售书热线：(020）83795240

目 录

人是食物变出来的吗？ ………………………………………… （1）

吃的讲义 …………………………………………………………… （4）

吃些什么？ ………………………………………………………… （8）

无法取代的荣誉 ………………………………………………… （12）

求精 ……………………………………………………………… （16）

当食家的条件 …………………………………………………… （20）

共勉 ……………………………………………………………… （23）

烹调学校 ………………………………………………………… （25）

比较 ……………………………………………………………… （27）

团年饭 …………………………………………………………… （29）

什么东西都吃的人 ……………………………………………… （31）

死前必食 ………………………………………………………… （34）

开间什么餐厅？ ………………………………………………… （38）

开一家福建餐厅 ………………………………………………… （42）

经营越南餐厅 …………………………………………………… （46）

大辣辣 …………………………………………………………… （50）

鲩鱼粥和机关枪 ………………………………………………… （54）

乌龟公阿寿 ···································· （58）

邹胖子水饺 ···································· （61）

锅贴 ··· （63）

大胃王 ··· （65）

老友记 ··· （69）

菜市 ··· （71）

女屠夫 ··· （72）

心灵茶园 ······································· （73）

名厨自杀 ······································· （75）

好吃命 ··· （77）

糖斋 ··· （79）

谈吃 ··· （81）

感谢 ··· （83）

入厨乐 ··· （85）

妮嘉拉的噬嚼 ·································· （87）

谷神面包店 ···································· （91）

潮菜天下 ······································· （95）

口味 ··· （98）

潮州鱼生 ······································ （100）

食桌 ·· （101）

到会记 ·· （103）

办桌菜 ·· （107）

福建薄饼 ······································ （111）

卤乳猪耳朵 ···································· （113）

翻身 ……………………………………（115）

道德面 …………………………………（117）

九龙城皇帝 ……………………………（119）

吃蛇 ……………………………………（121）

飞机餐 …………………………………（123）

华宋饮食 ………………………………（125）

极品 ……………………………………（127）

烧鹅 ……………………………………（129）

恭和堂 …………………………………（131）

冻 ………………………………………（133）

百花魁 …………………………………（135）

蔡家蛋粥 ………………………………（139）

问老僧 …………………………………（141）

龙井鸡 …………………………………（143）

火腿蒸蚕豆 ……………………………（145）

蛤和鲋 …………………………………（147）

试吃《随园食单》 ……………………（149）

小插曲 …………………………………（151）

基础菜 …………………………………（153）

方荣记 …………………………………（155）

海南人 …………………………………（157）

沪菜吾爱 ………………………………（159）

杭州菜 …………………………………（163）

想吃 ……………………………………（167）

十大省宴…………………………………………………………… (171)
绝灭中国饮食文化的罪魁祸首…………………………………… (175)
咖喱鱼头…………………………………………………………… (179)
海南鸡饭…………………………………………………………… (181)
鸡饭酱油…………………………………………………………… (183)
炸金鲤……………………………………………………………… (185)
闷局 ……………………………………………………………… (187)
小贩 ……………………………………………………………… (189)
烹调书……………………………………………………………… (190)
冰球 ……………………………………………………………… (192)
雪糕吾爱…………………………………………………………… (194)
我为梿狂…………………………………………………………… (198)
冷面 ……………………………………………………………… (202)
伎生 ……………………………………………………………… (204)
海女餐……………………………………………………………… (206)
土人餐……………………………………………………………… (208)
泰皇宫餐厅 ……………………………………………………… (209)
法式田鸡腿 ……………………………………………………… (210)
完美的意粉 ……………………………………………………… (212)
伊比利亚火腿……………………………………………………… (214)
庞马火腿的诱惑…………………………………………………… (217)
死后邀请书 ……………………………………………………… (221)
有趣 ……………………………………………………………… (223)
好西餐……………………………………………………………… (227)

白灼 ……………………………………………（231）

非炸也 …………………………………………（233）

部位 ……………………………………………（236）

前世 ……………………………………………（238）

内脏文化 ………………………………………（240）

自杀 ……………………………………………（242）

鲍鱼的故事 ……………………………………（244）

个性肉 …………………………………………（246）

猪油万岁论 ……………………………………（248）

味精随想 ………………………………………（252）

蛋白 ……………………………………………（256）

芝麻 ……………………………………………（258）

酱油 ……………………………………………（260）

梅粉 ……………………………………………（262）

大蒜情人 ………………………………………（264）

茄汁 ……………………………………………（266）

蘑菌菇菰 ………………………………………（270）

神秘的豆蔻 ……………………………………（274）

豆芽颂 …………………………………………（277）

面线颂 …………………………………………（279）

罐头颂 …………………………………………（281）

啤酒颂 …………………………………………（283）

醉龙液 …………………………………………（285）

下酒 ……………………………………………（287）

仿古威士忌 ···（289）

照喝 ···（291）

香槟 ···（293）

柏隆：最风流的酒器 ·······························（294）

宣传 ···（298）

好酒 ···（300）

雀仔威 ···（302）

爱上果乐葩 ···（304）

关于清酒的二三事 ·································（308）

寒夜饮品 ···（312）

师伯过招 ···（314）

茶道 ···（316）

人是食物变出来的吗？

首先，必须声明，此篇东西，只是道听途说，毫无科学根据，只是游戏文章，不可当真。

靠多年来的观察，我得到的结论是：吃米的民族，比吃麦的矮小。

君不见南方人矮，北方人高吗？前者吃米，后者吃麦。西方人比东方人高大，他们吃面包，我们吃米饭。

山东人移民到韩国去，所以韩国女人也比香港女人高大，亚洲人之中，算韩国女人的身材最美。

从前的日本人非常矮小，二次大战后学校补给的食物有了面包，所以高大了起来，近年来的年轻人更少吃米饭，才出现了魁梧的男女。

我们的子女，送到外国去念书，或移民到美国、加拿大，不也是一个个像篮球健将和时装模特儿吗？反观他们的父母，不也都是很矮？

印度尼西亚家政助理，高大的并不多，她们也是以米饭当主食的呀。菲律宾的，掺杂了面食，才没那么矮。

当然这一切并没有数据，那需要临床实验，那需要庞大的资金，谁有那么多工夫统计？连在白老鼠身上的实验都不肯做，唯有靠观察而已。

运动也有关系，但这只是个别例子。像我的父母兄弟和姐姐都不是生得很高，我因为看了爱丝德·威莲丝的游泳电影，爱上她，给家人笑说我这么矮，怎娶得她做老婆，所以在发育时期每天跳，看到门框就跳，跳到一天终于摸到。十三岁的那年，我长高一呎，平均一个月高一吋。

生活习惯也会改变身形。日本女子已经不坐榻榻米，小腿也没四十年前那么粗了，而且样子愈来愈美。这倒是和食物无关了，不知为了什么，也许是和韩国人混了种吧？韩国美人多。

吃的东西粗不粗糙，则可能大有关系。欧洲人之中，法国女子特别娇小，那是这个民族懂得吃；其他的都高头大马，因为吃的没有法国人那么精致。

尤其是美国女子，愈来愈高，愈来愈肥，都是汉堡包、炸鸡腿造成的。垃圾食物能令人高大，是主要原因，虽然连锁店东西我们当是便宜，但是太穷的国家还是吃不起，所以不会再长高，印度人就是个例子。

中国人说以形补形，外国人说你吃些什么，就像些什么。他们的女人每天喝牛奶，所以长得像奶牛。

反观不喝牛奶的中国女子，尤其是南方的，平胸居多，香港女人更不喜欢喝牛奶，她们唯有用穿衣服来遮盖，如果有人肯统计，或她们让你统计，就会发现，"飞机场"女子，占大多数。

并非所有东方雌性皆如此，如果你去了越南旅游就知道。路经女子小学中学，一群女生涌了出来，涌的不只是人，而且是胸部。

不知道什么原因，越南女人的身材会比邻国的好。归根结底，还是食物吧？越南人最喜欢吃什么？牛肉河粉也。或者牛肉之中含有大量的雌激素而影响乳房胀大，也说不定吧。

越南又有一种水果，叫乳房果，样子像，要经过揉捏更美味。是不是从小吃这种东西之故？如果有跨国药厂肯花大本钱来研究，不只赚个满钵，还能得到诺贝尔医学奖呢。到时整容医生，都得收档。隆胸，吃几颗药丸，即见效，世界有多美好！我可以幻想到那时的广告，出现一个像"人人搬屋"的老头，跷着拇指："要大奶奶吗？找药厂！"

虽没有科学根据，但也不是胡说。记得小时，一个日本军医，爱好文学，常到家里来与我父亲交谈。爸爸曾经与诗人佐藤春夫及作家谷崎润一郎通过书信，更令那军医敬佩不已。这军医一生研究皮肤组织，来到南洋，发现女子都爱白，研究出一种药丸来。

没人给他做实验，见我这个小孩，就把药包上糖衣给我吃。小时并没有瑞士糖，见到就嚼，外层甜甜的，里面有点怪味。

说也奇怪，我一生再怎么日晒，从来没有黑过，最多红了，脱皮而已。当年要是能大量制作，也是造福南洋女子的事呀！可惜这个军医回到日本，已下落不明。

至于药物能够使人高大，倒没有什么可能了，还是靠吃面包吧。高者，比矮小的人更有自信，为了你的儿子的前途，别给他们吃那么多米饭，面包为佳。如果要你女儿参加"香港小姐"，那么每天催促她们喝牛奶吧。

但是到了最后，精神食粮还是最重要。一个健美先生和一个什么小姐，要是智商发育不了，又有什么用呢？

从小教他们懂得孝道和礼貌，多学习多看书，守时和守诺言，长大了，虽是矮子和平胸，也是一个可爱的人物呀。这一点，与食物无关。

吃的讲义

有个聚会要我去演讲，指定要一篇讲义，主题说吃。我一向没有稿就上台，正感麻烦。后来想想，也好，作一篇，今后再有人邀请就把稿交上，由旁人去念。

女士们、先生们：

吃，是一种很个人化的行为。

什么东西最好吃？

妈妈的菜最好吃。这是肯定的。

你从小吃过什么，这个印象就深深地烙在你脑里，永远是最好的，也永远是找不回来的。

老家前面有棵树，好大，长大了再回去看，不是那么高嘛。道理是一样的。

当然，与目前的食物已是人工培养，也有关系。

无论怎么难吃，东方人去外国旅行，西餐一个礼拜吃下来，也想去一间蹩脚的中菜厅吃碗白米饭。洋人来到我们这里，每天鲍参翅肚，最后还是发现他们躲在快餐店啃面包。

有时，我们吃的不是食物，是一种习惯，也是一种乡愁。

一个人懂不懂得吃，也是天生的。遗传基因决定了他们对吃没有什么兴趣的话，那么一切只是养活他们的饲料。我见过一对夫妇，每天以方便面维生。

喜欢吃东西的人，基本上都有一种好奇心。什么都想试试看，慢慢地就变成一个懂得欣赏食物的人。

对食物的喜恶大家都不一样，但是不想吃的东西你试过了没有？好吃，不好吃，试过了之后才有资格判断。没吃过你怎知道不好吃？

吃，也是一种学问。

这句话太辣，说了，很抽象。

爱看书的人，除了《三国》、《水浒》和《红楼梦》，也会接触希腊的神话、拜伦的诗、莎士比亚的戏剧。

我们喜欢吃东西的人，当然也须尝遍亚洲、欧洲和非洲的佳肴。

吃的文化，是交朋友最好的工具。

你和宁波人谈起蟹糊、黄泥螺、臭冬瓜，他们大为兴奋。你和海外的香港人讲到云吞面，他们一定知道哪一档最好吃。你和台湾人的话题，也离不开蚵仔面线、卤肉饭和贡丸。一提起火腿，西班牙人双手握指，放在嘴边深吻一下，大声叫出：mmmmm。

顺德人最爱谈吃了。你和他们一聊，不管天南地北，都扯到食物上面，说什么他们妈妈做的鱼皮饺天下最好。中央派了一个干部到顺德去，顺德人和他讲吃，他一提政治，顺德人又说鱼皮饺，最后干部也变成了老饕。

全世界的东西都给你尝遍了，哪一种最好吃？

笑话。怎么尝得遍？看地图，那么多的小镇，再做三辈子的人也没办法走完。有些菜名，听都没听过。

对于这种问题，我多数回答："和女朋友吃的东西最好吃。"

的确，伴侣很重要。心情也影响一切。身体状况更能决定眼前的美食吞不吞得下去。和女朋友吃的最好，绝对不是敷衍。

谈到吃，离不开喝。喝，同样是很个人化的。北方人所好的白酒，二锅头、五粮液之类，那股味道，喝了藏在身体中久久不散。他们说什么白兰地、威士忌都比不上，我就最怕了。

洋人爱的餐酒我只懂得一点皮毛，反正好与坏，凭自己的感觉，绝对别去扮专家。一扮，迟早露出马脚。成龙就是喜欢拿名牌酒瓶装劣酒骗人。

应该是绍兴酒最好喝，刚刚从绍兴回来，在街边喝到一瓶八块钱人民币的"太雕"，远好过什么八年十年三十年。但是最好最好的还是香港"天香楼"的。好在哪里？好在他们懂得把老的酒和新的酒调配，这种技术内地还学不到，尽管老的绍兴酒他们多的是。

我帮过法国最著名的红酒厂厂主去试"天香楼"的绍兴，他们喝完惊叹东方也有那么醇的酒，这都是他们从前没喝过之故。

老店能生存下去，一定有它们的道理，西方的一些食材铺子，如果经过了非进去买些东西不可。

像米兰的 IL Salumaio的香肠和橄榄油，巴黎的 Fanchon的面包和鹅肝酱，伦敦的 Forthum & Mason的果酱和红茶，布鲁塞尔的Godiva的巧克力，等等。

鱼子酱还是伊朗的比俄国的好，因为抓到一条鲟鱼，要在二十分钟之内打开肚子取出鱼子。上盐，太多了过咸，少了会坏，这种技术，也只剩下伊朗的几位老匠人会。

不一定是最贵的食物最好吃，豆芽炒豆卜，也是很高的境界。意大利人也许说是一块薄饼最好吃。我在拿波里也试过，上面什么材料也没有，只是一点西红柿酱和芝士，真是好吃得要命。

有些东西，还是从最难吃的变为最好吃的，像日本的所谓中华料理的韭菜炒猪肝，当年认为是咽不下去的东西，当今回到东京，常去找来吃。

我喜欢吃，但嘴绝不刁。如果走多几步可以找到更好的，我当然肯花这些工夫。附近有家藐视客人胃口的快餐店，那么我宁愿这一顿不吃。也饿不死我。

"你真会吃东西！"友人说。

不。我不懂得吃，我只会比较。有些餐厅老板逼我赞美他们的食物，我只能说："我吃过更好的。"

但是，我所谓的"更好"，真正的老饕看在眼里，笑我旁若无人也。

谢谢大家。

吃些什么?

"吃些什么?"外地朋友一来到香港,这总是我的第一个问题。

"随便。"这总是他们的答案。

"没有一种菜叫随便的。"我说。

"你决定。"

"如果你住多几天,那就由我决定。"我说,"但是你在香港的时间不多,每一餐都不能浪费。"

"什么都想吃,教我怎么选择?"

"那么先分东方和西方好了。"

"怎么分法?"

"东方的包括中国、日本、韩国、泰国、越南、星马、印度尼西亚,还有印度。"我解释,"西方的有法国、意大利、西班牙。"

"为什么东方选择那么多,西方的只有三个国家,连德国菜也不入围呢?"

"德国系统的菜,包括奥地利、瑞士和北欧诸国的,那里的人头脑比较四方,学理科多过文科,对于吃的幻想力不够,烧不出好菜来。"我说。

"我们在外国,纽约的 Nobu,澳洲的 Tetsuya 都是全球最好，香港有没有好的日本菜？"

"我认为 Nobu 和 Tetsuya 都不行。"我说，"只有在香港
还吃得过。"

"为什么？"

道理很简单，日本菜最基本的还是靠食材。只有香港，有
这样的地理环境和财力，才有资格天天空运来。那两家用的都
是当地食材，就算大师手艺再好，还是次等。"

"好吧。"友人决定了，"吃中国菜。"

"中国菜也分广东、上海、北京、四川、潮州、湖南、湖
北……"

"好好，好了，别再数下去。"友人说，"在香港，应该
吃广东菜吧？"

"也不一定。"我说，"香港的杭州菜，做得比杭州更
好，'天香楼'是首选。"

"有什么那么特别？"

"单单说绍兴酒，就很特别。"我说。

"绍兴酒还不是内地来的吗？去内地喝不是更好？"

"陈年的绍兴，大半已经蒸发掉，要兑新酒才好喝。调酒
的经验很重要，内地当然有陈绍和新酒，但就没有'天香楼'
调得好。"

友人的酒虫差点从口中跑出来："还有呢？"

"还有东坡肉。"

"浙江各地都有呀！"

"书画收藏家刘作筹先生，在香港艺术馆中有一个厅，陈
列他捐出来的书画，很有名。生前，和内地的画家都有来往，
他问对东坡肉最有研究的程十发：全国哪里的最好吃？程十发

回答：在香港的'天香楼'。"

"那么厉害？到底好吃在哪里？"

"味觉这东西，不能靠文字形容，只能比较，你去吃吃看，就知道了。"

"如果我想吃西餐呢？选法国还是意大利的好？"

"西餐厅有 Hugo's、Amigo 和 Gaddi's，但都已经不是纯法国菜，只可以说是欧洲菜，我建议你还是到 Da Dominico 去吃意大利菜。"

"那么好吗？"友人问。

"不会比在意大利吃的更好。"我说，"但最少是和在罗马吃到的一样。他们所有的材料都是由意大利运来，就算一尾虾，其貌不扬，头还是黑色的，但是不同就不同，吃起来的确有地中海的海鲜味，不过东西很贵，你老远来，价钱不是一个问题。"

"泰国菜呢？"友人问，"今天天气很热，没什么胃口，想吃刺激一点的。做得和泰国一样吗？"

"做得比泰国好。"

"这话怎说？"友人问。

"举一个例子。"我说，"像冬荫功，在泰国吃到的只是用一般海虾做材料，香港人懂得什么叫豪华奢侈，用龙虾做材料。"

"那么吃海鲜吧！"友人决定，"香港的海鲜，一定天下最好。"

我说："这句话二十年前不错，但是现在的海鲜都不是本地的，本地的已经吃光了，由世界各地运来，老鼠斑已不是真正的老鼠斑，没那股沉香的幽香味。连一尾鱲鱼都是养的。从前的鱲鱼，还没拿到桌上已先闻到鱼香，现在的只有一股石油味和泥味。不过话说回来，蒸鱼的功夫，还是其他地方不能比的。”

　　“非洲菜呢？”友人问，“香港什么菜都做得好，连非洲菜也不错吧？”

　　“非洲人是为了生存而吃，不是为了美食而吃。”我说，“饮食是一种培养出来的文化，要有长远的历史，也要靠土地的肥沃，不是魔术可以变得出来的。”

无法取代的荣誉

作为一个美食天堂，香港的地位不可能被动摇。

"什么？"国内朋友说，"我们的北京、上海，那些餐厅之大，装修之豪华，食物之地道，香港完全没得比。美食天堂的声誉，早就被我们超越！"

"什么？"欧洲的朋友说，"巴黎和罗马的食物，分分钟胜过香港！"

"什么？"纽约的朋友说，"如果说到国际食物的齐全，我们才是天下第一！纽约到底是欧洲和美洲加起来的大都会，香港那个弹丸之地，哪来那么多东西吃？"

说得一点也没错，各自有它比香港好的理由。我到了北京和上海的餐厅，其规模之大，让我瞠目结舌；巴黎和罗马的高级餐厅，侍者穿着晚礼服，把客人捧上天去，也真的没一家香港食肆比得上；说到纽约，他们的意大利菜做得比意大利更地道，甘拜下风。

但是让我们冷静地分析一下：

北京和上海的传统菜，在食材方面没有一种是特别高价的。自古以来中国人说："欲食海上鲜，莫问腰间钱。"豪华的装修，需要贵菜来维持，大家都卖鲍参翅肚去了，而这些菜做得最好的是广东人。试问："北京和上海，有哪一家粤菜馆做得像样呢？"

"重赏之下，必有勇夫。"他们说。

这也没错。错在最好的厨师，在本地已经供不应求，哪会老远地跑到外地去？我在北京和上海被邀请到所谓的高级粤菜馆，主人大撒金钱，一顿几万块，吃完还不是一肚气？干鲍鱼发得差，如啃发泡胶。好好的鱼空运到了，不会蒸，做出来的又是发泡胶。鱼翅几条，像在游泳，也够胆向你要上千块一碗。

"那么，广州有比香港更好的粤菜吧？"

比香港更大更豪华的餐厅是有的，更好的就没了。

这么一说，巴黎和罗马更没有高级粤菜。前者的越南餐还可以接受罢了，后者都是一些温州人去开的中菜馆，若非思乡病重，根本不会去"光顾"。

说到纽约，她在国际上的地位的确比香港高出很多，各地方的美食都齐全，但齐全并不代表精致。就算价钱比香港贵出几倍，什么本钱都肯花的最高级日本餐厅 Nobu，看它玻璃橱窗中的食材，寥寥可数，哪有什么小鳗鱼苗（nore sore），比目鱼的边线（engawa），或者濑尿虾的钳肉（shyako no tsumi）等刁钻的东西？

香港的日本餐厅，食材有的两天来自大阪，两天来自札幌，两天由福冈空运而来。就算东京的寿司铺，最多一个星期到筑地两三次，已算高级的了。全日本，也只有几间寿司店可以拿出三宝：腌海胆、海参的卵巢拨子和乌鱼子。

香港餐厅铺租又昂贵，相对地觉得食材便宜，就肯在这方面大撒金钱了。而且，北京、上海、巴黎、罗马和纽约，有哪些地方的泰国菜、越南料理、印度和印度尼西亚餐、新马菜等做得比香港更好呢？要知道，这都是地理环境所致，香港作为世界上最繁忙的交通总汇之一，东西南北都容易到达，开埠以来就是一个经济中心，食材进口方便，当然比其他都市优胜。

最重要的一环，是香港人拼命赚钱，也拼命地吃！只有肯花钱的地方，才能培养出那么多的食客，也才养得起那么多的餐厅！也只有舍得吃的人，才能创造出美食文化来！

大都会，生活节奏一定快。在巴黎、罗马的一餐要吃上三四个钟头，到了香港，你要慢也行，要快更是拿手。这一点，西方绝对做不到。

但是作为一个美食天堂，香港的小贩食物，水平真是太差了。

我们到了曼谷，吃得最好的是他们街边卖的面食。香港开的泰国餐馆，卖的都是大路货，如果能有几档真正地道的泰国街边小吃，那就完美了。

不止泰国，台湾的小吃也是，越南的也是，法国和意大利的更是找不到了。

香港的沪菜、山东菜、四川菜都做得不错，但是那些地方的小吃，永远比香港精彩。

如果有一个开放式的小食中心，让大家出来以小食谋生，就可以补救这个缺点了。只要卖一样东西，做得好的话，客人源源不绝。从小做起，一成功了就变成一大餐厅，要记得，"镛记"也是当小贩，从卖烧鹅做起的。

新疆的羊肉串、四川的凉粉，还有东莞的道滘粽子，都是我尝过的最佳美食，这些百食不厌的东西数之不尽，全部是财路。

经济低迷时，有什么比当小贩更容易？有什么比当小贩更自由？有什么比当小贩更不必花重本呢？

情形更坏，当国家有战乱时，当小贩更能维生。记得母亲在日军占领的城市之中，到乡村去采了小芒果，回来用甘草、醋和糖腌制一下，就拿到街边卖，结果养活了我们一家，就是一个实例了。

把各国的小食集中在香港，美食天堂的地位更能巩固，其他都市在各方面虽可赶上，但香港不是停着等，美食天堂的荣誉，是无法取代的。

求精

地球上那么多国家，有那么多的食物，算也算不完。大致上，我们只可分为两大类：东方的和西方的，也等于是吃米饭的和吃面包的。

"你喜欢哪一种，中菜或西餐？"

这个问题，已不是问题，你在哪里出生，吃惯了什么，就喜欢什么，没得争拗，也不需要争拗。

就算中菜千变万化，三百六十五日，天天有不同的菜肴，但不管你是多么爱吃中菜的西方人，连续五顿之后，总想锯块牛扒，吃片面包。同样的，我们在法国旅行，尽管生蚝多么鲜美，黑松菌鹅肝酱多么珍贵，吃得几天之后总会想："有一碗白米饭多好！"

我们不能以自己的口味，来贬低别人的饮食文化，只要不是太过穷困的地方，都能找到美食。而懂得怎么去发掘与享受这些异国的特色，才是作为一个国际人的基础。拼命找本国食物的人，不习惯任何其他味觉的人，都是一些可怜的人。他们不适合旅行，只能在自己的国土终老。

人有能力改变生涯，但他无法决定自己的出身。我很庆幸长于东方，在科技或思想自由度上也许赶不上欧美，但是对于味觉，自感比西方人丰富得多。

当然，我不会因为中国人吃尽熊掌或猴子脑而感到骄傲，但在最基本的饮食文化方面，东方的确比西方高出许多。

举一个例子，我们所谓的三菜一汤，就没有吃个沙律、切块牛扒那么单调。

法国也有十几道菜的大餐，但总是一样吃完再吃下一样，不像东方人把不同的菜肴摆在眼前任选喜恶那么自由自在。圆桌上进食，也比在长桌上只能和左右及对面人交谈来得融洽。

说到海鲜，我们祖先发明的清蒸，是最能保持原汁原味的烹调法。西方人只懂得烧、煮和煎炸，很少看他们蒸出鱼虾蟹来。

至于肉类和蔬菜，生炒这个方法在近年来才被西方发现，stir-fried这字眼从前没见过。我们的铁锅，广东人称之为"镬"，他们的字典中没有这个器具，后来才以洋音wok安上去的，根本还谈不到研究南方人的"镬气"，北方人的"火候"。

炖，西方人说成双煮（double boiled），鲜为用之。所以他们的汤，除了consume之外，很少是清澈的。

拥有这些技巧之后，有时看西方的烹调节目，未免不同意他们的煮法。像煎一块鱼，还要用支汤匙慢慢翻转，未上桌已经不热。又凡遇到海鲜，一定要挤大量的柠檬汁辟腥等等，就看不惯了。

但东方人自以为饮食文化悠久和高深，就不接触西方食材，眼光也太过狭小。最普通的奶酪芝士，不能接受就是不能接受，这是多么大的一种损失！学会了吃芝士，你就会打开另一个味觉的世界，享之不尽。喜欢他们的鱼子酱、面包和红酒，又是另外的世界。

看不起西方饮食的人，是近视的。这也和他们不旅行有关，没吃过人家好的东西，怎知他们多么会享受？

据调查，香港的食肆之中，结业得最快的是西餐店，这与接触得少有极大的关系。以为他们只会锯扒，只会烟熏鲑鱼，只会烤羊鞍，来来去去，都是做这些给客人吃，当然要执笠了。

中国人的毛病出在学会而不求精。一代又一代的饮食文化流传了下来，但从没有什么大突破。"文化大革命"那段时间，来了一个断层，后来又因广东菜的卖贵货而普及，本身的基础，已开始动摇。

模仿西餐时，又只得一个外形，没有神髓。远的不说，近邻越南煮的河粉，汤底是多么地重要！有一家店也卖河粉，问我意见，我试了觉得不行，建议他们向墨尔本的"勇记"学习，但怎么也听不进去。这家店的收入还是不错，如果能学到"勇记"的一半，就能以河粉一味著名，更上一层楼了。

我对日本人的坏处多方抨击，但对他们在饮食上精益求精的精神倒是十分赞同。像一碗拉面，三四十年前只是酱油加味精的汤底，到现在百花齐放，影响到外国的行业，这也是从中国的汤面开始研究出来的。

西方和东方的烹调，结合起来一点问题也没有，错在两方面的基本功都掌握得不好，又不研究和采纳人家成功的经验，结果怎么搞，都是四不像，fusion变成confusion了。

一般的茶餐厅，也是做得最好吃那家生意最好。要开一家最好的，在食材上也非得不惜工本不可。香港的日本料理，连最基本的日本米也不肯用，只以什么"樱城"牌的美国米代替，怎么高级也高级不来。米饭一碗，成本才多少，怎么不去想一想？

掌握了蒸、炖和煮、炒的技巧，加入西方人熟悉的食材，在外国开餐厅绝对行，就算炒一两种小菜给友人吃，也是乐事。别以为我们的虾生猛，地中海里面头都黑掉的虾比我们游水的肥美得多，用青瓜、冬菜和粉丝来半煎煮，一定好吃。欧洲人吃牛扒，也会用许多酱料来烧烤，再加上牛骨髓，更是精细。我们用韩国腌制牛肉的方法生炒，再以蒜茸爆香骨髓，西方人也会欣赏。戏法人人会变，求精罢了。

当食家的条件

小朋友问："昨天看台湾的饮食节目，出现了一个出名的食家，他反问采访者：'你在台湾吃过何首乌包的寿司吗？你吃过鹅肝酱包的寿司吗？'态度相当傲慢。这些东西，到底好不好吃？"

"何首乌只是草药的一种，虽然有疗效，但带苦，质地又粗糙，并不好吃，用来包寿司，显然是噱头而已；而鹅肝酱的吃法，早就被法国人研究得一清二楚，很难超越他们，包寿司只是想卖高价钱。"我说。

"那什么才叫精彩的寿司？"

"要看他们切鱼的本事，还有他们下盐，也是一粒粒数着撒。捏出来的寿司，形态优不优美也是很重要的，还要鱼和饭的比例刚好才行。"

"怎样才知道吃的是最好的寿司？"

"比较呀，一切靠比较。最好的寿司店，全日本也没有几家，最少先得一家家去试。"

"外国就不会出现好的寿司店？"

"外国的寿司店，不可能是最好。"

"为什么？"

"第一，一流的师傅在日本已非常抢手，薪金多高都有人请，他们在本土生活优雅，又受雇主和客人的尊敬，不必到异乡去求生。第二，即使在外国闯出名堂，也要迎合当地人口味，用牛油果包出来的加州卷，就是明证。有的更学了法国人的上菜方法来讨好，像悉尼的 Tetsuya 就是个例子。"

"那么要成为一个食家，应该怎么做起？"

"做作家要从看书做起；做画家要从画画做起；当食家，当然由吃做起，最重要的，还是对食物先有兴趣。"

"你又在作弄我了，我们天天都在吃，一天吃三餐，怎么又成不了食家？"

"对食物没有兴趣的话，食物就变成饲料了。一喜欢，就想知道吃了些什么。最好用笔记下来，再去找这些食材的数据，做法有多少种，等等，久而久之，就成为食家了。"

"那么简单？有没有分阶段的？"

"当然。最低级的，是看到什么食物，都哗的一声大叫出来。"

小朋友点点头："对对，要冷静，要冷静！还有呢？"

"不能偏食，什么都要吃。"

"内脏呀，虫虫蚁蚁呀，都要吃吗？"

"是。吃过了，才有资格说好不好吃。"

"那么，贵的东西呢？吃不起怎么办？"

"这就激发你去努力赚钱呀！不过，最贵的东西全世界都很少的，而最便宜的最多，造就的尖端厨艺也最多。先从最便宜的吃起，如果你能吃过多种，也许你不想要吃贵的东西了。"

"吃东西也是一种艺术吗？"

"当然，一样东西研究深了，就变成艺术。"

"那到底怎么做起嘛！"

"你家附近有什么东西吃，就从那里做起，比方说你邻居的茶餐厅。"

"不怎么好吃。"

"对了，那是你和其他地方的茶餐厅一比，才知道的。"

"要比多少家？"

"听到有好的就要去试，从朋友的介绍，饮食杂志的推荐，或网上公布出来的意见得到数据，一间间去吃。吃到你成为茶餐厅专家，然后就可以试车仔面、云吞面、日本拉面，接着是广东菜、上海菜、潮州菜、客家菜，那种追求和那种学问，是没有穷尽的。"

"再来呢？"

"再来就要到外国旅行了，比较那边的食物，再回来，和你身边的食物比较。"

"那么一生一世也吃不完那么多了。"

"三生三世，或十生十世，也吃不完。能吃多少，就是多少。我们的社会，是一个半桶水社会，有一知半解的知识，已是专家。"

"可不可以把范围缩小一点？"

"当然。凡是学习，千万不要滥。像想研究茶或咖啡，选一种好了。学好一种才学第二种，我刚才举例的茶餐厅，就是这个道理。"

"你现在呢？是不是已经达到粗茶淡饭的境界？"

我笑了："还差得远呢。你没看过我的专栏名字，不是叫《未能食素》吗？那不代表我吃不了斋，而是在说我的欲望太深，归不了平淡这个阶段。不过，太贵的东西，我自己是不会花钱去追求了，有别人请客，倒可以浅尝一下。"

共勉

昨晚和"金宝泰国菜馆"的老板吴先生夫妇到处去试菜。吴太太爱研究食物，店打烊后大街小巷找东西吃，我要是没有新的食肆写，问她，一定没错。去了大角咀吃油渣，小店独沽一味，生意兴隆，吃了才知道为什么那么多人"光顾"，味道好，做了几十年保持水平，是最基本的条件嘛。

想来一点甜品，就驱车到旺角去，周刊上介绍过一家，由几个年轻人合伙开的，非试不可。多种甜品已经卖完，我说有什么吃什么，上桌的几样，一吃，不是味道，距离好吃，还差得远。其实年轻人创业，小本经营，有这种成绩已算不错，也不能苛求。不忍心指名道姓写出来批评。本来想私下说几句，但见他们洋洋得意，也就算了。毛病出在哪儿呢？答案是年轻人没有机会吃过更好的。通常是几个好朋友，凭一股热忱，大家吃过喜欢的东西，就学习一番，出来开店。要知道，这是不够的。我想他们也希望边做边学吧。

从前食肆要见报宣传，不知道要托什么人才好；现在不同，报纸都有饮食版，加上那么多周刊，要找数据不易，所以一有新食肆开张，都抢着报道，也不理有没有水平，写了再说。年轻朋友的小馆，当然受过报纸杂志的吹捧，但是到底是不是像记者写的那么好，自己也飘飘然认定是了。生意很好，边做边学的事忘得一干二净。哪知热潮一过，新的食肆又出现，竞争之下，客人少了，久而久之，每月要亏损。做不下去的例子，不知看过多少。饮食的学问是无止境的，大家共勉，才有明天。

烹调学校

看电视新闻，说有一个批发菜市场，楼上的空位要给大学作场地，但没人要。

这简直是暴殄天物。

如果能够在这蔬菜和肉类的批发市场楼上，建一间烹调学校，应该是多么顺理成章的一件事！

第一，材料够新鲜，种类也多，学生们首先认识的，也就是从这些东西开始。

第二，办普通学校怕嘈杂的话，烹调学校则绝对不成问题。学成后工作的地方，也是嘈杂的。

第三，培育出一批优秀的厨师，对于有"美食天堂"声誉的香港，绝对有好处。

不是每一个孩子都肯正正经经地学课本上的sin或cos的几何代数，学了也没有用。让他们在烧菜上面发挥潜能，好过逼他们"落D吃fing头丸"。

饮食界最乏的是有知识的厨师。学徒出身的话跑不出小圈圈，而且当今世界上流行的是把厨师当成明星，他们可以吸引大批的食客，再也不是一个躲在厨房中脏兮兮的小子。

学校管理得好，也可以成为游客必经之地，他们可以上一个短暂的课程，回去烧些中国菜给老婆或丈夫吃。

学校还能办一食堂，以最新鲜最便宜的价格服务群众，学生和老师们一齐烧菜，毕业后自己开餐厅也好，替人家打工也好，也有实地学习的过程。

香港从来没有办正规烹调学校的经验，从何入手？向外国借镜好了，法国的烹调学校无数，美国的CIA并不单指情报机关，烹调学校也用同一个简称。

让孩子有一技傍身，也是天下父母的愿望。

香港政府做这件事，功德无量。

比较

有许多人喜欢问我："你吃过那么多地方的菜，哪一个国家的最好吃？"

我总是一下子回答不出，并非不知答案，只是怕重复太多遍了，想想还可以用什么其他方式来向对方交代，也能满足自己。

例牌的回复有："和朋友一齐吃的菜，最好吃了。"这种说法，自己觉得愚蠢，怎么骗得了别人？只有兜圈子："世界各国，去得最少的是中国，有许多省份的菜我都没试过，比较不出。"

"那么以你去过的地方作准，到底是哪一个国家的最好嘛？"朋友不放过我。

"中国和法国。"我说。

对方又作出一个"这是理所当然的答案"的表情，觉得我在敷衍他们。

"那么中国和法国，谁比谁更好？"非打破砂锅不可。

"各有各的好。"我又直接地回答。

爱国心爆棚的对方大怒："当然是中国菜比法国菜好吃，还用得着讲吗？"

既然有自己的答案么，还要问我干什么？

"意大利菜不好吗？我觉得意大利菜比法国菜好吃得多。"对方又说。

我不否认意大利菜是好吃的，就和不否认日本菜好吃一样。但是意大利菜和日本菜吃来吃去都是那几样，到底变化没有中国菜和法国菜那么多。

一个国家，要有肥沃的土壤和丰富的农产品，才产生吃的文化。

中国菜好吃，局限于江南和珠江三角洲，其他地方的菜，还是粗糙的；法国地方小，整个国家山明水秀，各地菜式都不错。法国人是环境造成他们爱吃，中国人是生下来就爱吃，差就差在这儿。

团年饭

农历新年来临前，报纸和杂志总是喜欢刊登一些过年菜，也常有记者打电话来问我："你过年吃的是什么？"

很老实地说，印象非常模糊，记不起一定要吃这个吃那个，小时候年糕是妈妈做的，用最原始的蔗糖，一大包买回来，打开一看，像黄色的沙，里面有一粒粒结成块状的，呈褐色，先捡起来吃，就是我们的瑞士糖了。

不放在冰箱，年糕也不会坏，可吃很多天，加的是最上等的碱水，先煎煎，打个鸡蛋进锅，再煎一下，就那么吃了，很黐牙，也不觉得特别好。到后来，和其他年糕一比，才知道母亲是高手。

十几岁开始在海外生活，过年朋友叫去家中吃饭，总是躲避，不想破坏一家人的气氛。

到了住进邵氏片厂宿舍的年代，朱旭华先生当我是亲人，我就到他家帮助老佣人阿心姐做金饺子。

过程是这样的，有一个大师傅做菜的铁勺子，在火上慢烤，那边厢，把鸡蛋打匀，慢慢地倒入勺中，还要不断地摇，一张金黄色的饺子皮就完成了。

剁肉，包出饺子来，放入煲着鸡和白菜的锅中煮熟。

记得的过年菜，就那么多。

在日本过的是新历，不像过自己的年。他们的菜肴也丰富，但多数是买回来的，一盒盒便当式，里面也有红鱼和龙虾等贵料，都是冷冰冰，名副其实的好看不好吃。

欧美过的年，更是惨淡，他们只注重圣诞节，吃的多数是剩菜。

农历年最好是旅行，要往没有中国人的地方走，才有不关门的餐厅。曼谷是一个好选择，泰国菜西餐齐全，别去正宗的中菜馆就是。

如果在香港过，那最好是在收墟前到菜市场去，见到什么最新鲜就买什么，回来弄一个火锅，将所有的都放进去，这种过年菜也叫做"围炉"，很好吃，错不了。

什么东西都吃的人

在东京逛书店，看到一本叫《美食街》的书，就即刻买下。

回家一翻，原来是纽约的食评家 Jeffrey Steingarten写的 *The Man Who Ate Everyting*（《什么东西都吃的人》）的日文译本，原著早已看过。

作者的怪癖甚多，他不吃韩国泡菜、咸鱼、猪油、印度甜品、味精汤、海胆等等。这等于是一个艺术评论家不喜欢黄颜色，或者对红和绿有色盲倾向。那么多东西不吃，怎么写食评?

克服食物恐惧症有种种方法:

一、脑手术: 刺激老鼠的扁桃腺可以改变它们偏食的习惯，在人脑中做做手脚，也应该有同样的效果，但是我们的作者放弃这个念头。

二、饥饿: 亚里斯多特说食物在饥饿时更好吃，但作者只在一九七八年饿过一次肚子，就再也不干了。

三、巧克力: 如果肯试讨厌的东西，就得到一粒巧克力当报酬。但这种方法，连小孩子也骗不了。

四、服药: 引起食欲的药物多数有副作用，失眠、沮丧等等，作者说算了吧。

五、尝试: 逼自己去试，试多了就会接受，作者认为这是他唯一能接受的办法。

结果他去了韩国餐厅十次，买了八罐咸鱼，六个月拼命努力之下，他爱上了韩国泡菜，也接受了咸鱼。

而你呢？你有什么东西不吃的？想不想去克服？

至于我自己，是个好奇心很重的人，大概只有用天上的东西只是飞机不吃，四只脚的只是桌子不吃，硬的不吃石头，软的不吃棉花来形容吧？

我认为所有能吃进口的，都要试一试。试过之后，才有资格说好不好吃。我不必用 Steingarten强迫自己的方法。我老婆常开玩笑说："要毒死你很容易，只要告诉你这种东西你没吃过，试试看。"

父母的影响是很重要的。小时候看我妈妈用来下酒的是广东人叫为龙虱的昆虫，等我长大后已经罕见。为了怀旧，一直在找。好在近来复古当时兴，龙虱也面市了。吃油焗龙虱并不恐怖，当然只是将硬壳剥去，手指按着头一拉，拉去肠，剩下的身体细嚼之下，有点猪油渣的味道，和吃炸蟋蟀、炸蝎子一样。

说到猪油渣，贫穷的影响也有关系。当年有一碗雪白的饭吃已感到幸福，能淋上猪油更是绝品。猪油渣点了些甜吃，比任何你们吃的快餐都好吃。

有些很怕吃的东西，是因为我没有试过好的。像鹅肝酱，做学生的时候在西餐厅吃过一块，觉得有死尸味，从此敬而远之，一直到三十年之后住法国，吃到真正的鹅肝酱才爱上它。你看我损失了多少机会！

对爱狗的人，吃狗肉是罪恶。第一次试狗肉，是我从日本留学回来，一群旧同学为我养了一只黑色的菜狗，用腐乳煮了请我吃。他们为了这一顿花了三个月时间，不试怎么说得过去？吃了果然不错，很香，但我并不会特地再去找来吃。当时克服心理障碍的方法是：这只菜狗不守门，也不会含报纸，它只是一味吃吃吃，像猪多过狗，我吃的，是猪。

连狗肺我也试过。数十年前在广州的街头看到有人摆地摊，一只狗的所有部分都煮了风干，切片后陈列着。我看到有一堆肉类前面的牌子写着"狗肺"两个字，就买了一片吃进口。给女人骂得多了，不知道它的味道怎行？我告诉你，狗肺并不好吃，你可以不必试。

能吃的东西，像一个宇宙那么多。引导不喜欢吃芝士的人去吃芝士的方法，是先请他们试试澳洲出产的水果或果仁芝士，甜甜的，像蛋糕多过芝士，吃了并不觉恶心。跟着便由牛芝士吃到羊芝士，研究起来品种无穷，又是打开了一个新世界。

不吃榴梿吗？请小贩帮我们剥了壳，拿回家放在冰格中。榴梿肉不会冻硬，吃起来像雪糕，气味也没那么重，慢慢的，你就会上瘾，又是一个世界等着你去发掘。

只有食物能够打破人与人之间的隔膜，和其他国家的人谈起吃的东西，总有共同点。常听到的开心事是，顺德人最爱谈吃，遇到什么人都说自己妈妈包的鱼皮饺最好。

什么东西都吃的我，不爱吃山珍野味。并非为了环保，我只是觉得这些东西得来不易，而得来不易的东西，烧来烧去只有那几种单调的烹调法，就远不如牛羊那么变化多端。常去的一家餐厅，单单是猪，就能轻易地变出三十六道菜来。

我常说，与其保护濒临绝种的动物，不如保护濒临绝种的食物。许多儿时吃过的味道，当今已消失。能够尝到传统的食物，已经觉得非常幸福，哪里有时间讨论什么不吃的？

死前必食

在书店看到一本叫1000 *Places to See Before You Die*（《死前必游一千地》）的书，引起我写这篇《死前必食》的散文。

人生做的事，没有比吃的次数更多。刷牙洗脸，一天最多两次，吃总要三餐。性爱和吃一比，更是少得可怜。

除非你对食物一点兴趣也没有，好吃的人算他有五十年懂得欣赏，早上两个菜，中午五个，晚上十个，十七道乘三百六十五，再乘五十，是个天文数字。

这么多种食物之中，要谈的何止一千种？我根本不能想象天下有多少种美食，几世人也绝对吃不完，只能在我的记忆中找出几个。怕杂乱无章，先以鱼、贝、菜、肉、果、豆、藻、谷、芋、香、卵、茸、实、面、腌、酪、泡为顺次。

鱼的种类无数，但是一生人非试不可的是河豚。当今有人通过研究养殖出没有毒的河豚，怕死可以由此着手。吃着吃着，你就会追求剧毒的。那种甜美，是不能以文字形容的，非自己尝试不可。曾经有个出名的日本歌舞剧演员吃河豚被毒死，但死时是笑着的。

贝壳类之中，鲍鱼必食，它的肠最佳。潮州人做的炭烧响螺也是一绝，片成薄片，入嘴即化。龙虾之中，有幸尝过香港本地的，那么你就不会去吃澳洲或波士顿龙虾了。

菜类之中，豆芽为首。法国的白芦笋不吃死不瞑目。chicory（小白菜）带苦，也是人生滋味之一。西湖莼菜很滑。各种腌制的萝卜之中，插在酒槽内泡的bettara tsuke甜入心，百食不厌。

肉只有羊了。没有一个懂得吃的人不欣赏羊肉。古人说得好，女子不骚，羊不膻，皆无味。南斯拉夫的农田中，用稻草煨烤了一整天的羊，天下绝品。

果以榴梿称王。日本冈山县的水蜜桃不容错过。

豆类制成品的豆腐菜，以四川麻婆豆腐为代表，每家人做的麻婆豆腐都不同。一生之中，一定要去原产地四川吃过一次，才知什么叫豆腐。

藻类可食冲绳岛的水云，会长寿，冲绳岛人皆高龄，有此为证。用醋腌制得好的话，很好吃。

谷类之中，白米最佳，一碗猪油捞饭，吃了感激流泪。什么？你不敢吃猪油？那么死吧！没得救的。

芋头吃法，莫过于潮州人的反沙芋，松化甜美。芋泥更要磨得细，用一个削了皮的南瓜盛着，再去炖熟。当今还剩下几位老师傅会做，不吃的话就快绝种了。

香代表香料，印度咖喱最好吃。咖喱鱼头固佳，咖喱螃蟹更好。在印度果亚做的咖喱蟹，是将蟹肉拆出来和咖喱煮成一团的，其香无比。

卵有千变万化的吃法，削法国黑松菌做奄姆烈，死前必尝。至于完美的蛋，是将一个碟子抹上油，烧热，打一只蛋进去，烧到熟为止。每一个人对熟的程度，要求皆不同，不是餐厅可以吃到的，要自己做。

鱼子酱则要抓到巨大的鲟鱼，开肚后取出，下盐。太多盐死咸，太少盐会败坏。天下只有五六个伊朗人会腌制。吃鱼子酱，非吃伊朗的不可，俄国的不可相信。但也只有在伏尔加河畔，才能吃到生开出来的，盐自己加，一大口一大口送，人生享受，止于此。

乌鱼子则要选希腊岛上的，用蜡封住，最为美味，把日本、土耳其和中国台湾的，都比了下去。

茸有日本松茸，切成薄片在炭上烤，用的是备长炭，火力才够猛够稳定，又不生烟。松茸只有日本的才香甜，韩国、中国的都不行。

意大利的白菌，削几片在意粉上面，是完美的。

实的贵族是松子。当今到处可以买到，并不稀奇，好过吃花生一百倍。撒哈拉沙漠中的蜜枣，也是一流的。

面则以私人口味为重，认为福建炒面为好。在福建已吃不到，只有吉隆坡茨厂街中的"金莲记"炒得最佳。为此去吉隆坡一趟，值回票价。

腌则以火腿为代表。金华火腿中的肥瘦部分，一小块可以片成四百片，香港的"华丰"烧腊店中可以买到。意大利的庞马火腿生吃，最好是给意大利乡下佬请客，一张餐桌，坐在果树下，火腿端来，伸手去摘头上的水果一齐吃，才是味道。至于西班牙的黑豚火腿，不能片来吃，一定是切成丁，在巴塞隆纳吃，就是这种切法。

酪是芝士，在意大利北部的原野上，草被海水浸过，带咸，羊吃了，生咸乳汁，再做出来的芝士，吃得过。

泡是泡菜，以韩国人的金渍做得最好，天下最最好吃的金渍，则只能在北韩找到。他们将鱼肠、松子夹在白菜中，加大量蒜头和辣椒粉，揉过后放在一边。这时把一个巨大的二十世纪水晶梨挖心，将金渍塞入，雪中泡个数星期，即成。

要谈的话，再写十篇或数十篇数百篇都不够。天下美食，可写成一套像《大英百科全书》的辞典。尽量吃最好的，也不一定是最贵的，愈难找愈要去找。吃过之后，此生值矣，再也不必说死前要吃些什么，也不必忌讳"死死声"，你已经不怕死了。

开间什么餐厅？

开间什么餐厅？不如来家国际性的。卖些什么才好呢？

每一个国家都有自己的美食，但是你们吃得惯的，并非我所喜爱的，要找出一个共同点，得从诸多的菜式淘汰挑选出来，剩下的只有十几二十道，但都会被大家接受。

像香港最地道的云吞面吧，你去到任何国家的酒店，半夜叫东西来房间吃，都有这一道汤面。当然，在西方，更普遍的是三文治和意大利粉。

咖喱饭也很受欢迎，在胃口不好时，它是恩物。不过一般人都喜爱的，还是海南鸡饭，不然来碗喇沙也很不错。

最好，当然是越南粉了。

但是，在酒店里房间服务的餐永远不好吃。为什么？做得不正宗呀！当地师傅可能没出过门，也不知道什么叫沙爹或印度尼西亚炒饭，反正总厨叫做什么就什么，有一条方呀，流水作业罢了。

要做得出色，必须由一个真正了解各国饮食文化的人来当质量管理。每一种菜，用的是什么食材，不能马虎，连酱米油盐，都得从原产地运来，不这么一点一滴坚持，就走味了。

持有一个原则，那就是连原产地的人来吃，也觉得好。

先从云吞面说起，云吞不可太大粒，也不能尽是虾，猪肉的肥瘦恰到好处，面条要选最高质量的爽脆银丝面，汤底要够浓，大地鱼味不可缺少。

用最原始的"细蓉"方式上桌，碗不太大，面小小一箸，云吞数粒垫底，加支调羹，让面浮在碗上。分量宁愿少，价钱卖得便宜也不要紧，吃不够可叫两碗，利润更高。

延伸下去，再卖虾子捞面，用上等虾子，也花不了太多本钱，撒满面面可也。又有牛腩，采取带肉皮的"坑腩"部分，煲至最软熟为止。

三文治的蛋、芝士或火腿，除了选上等货，分量还要多得溢出来，给客人一个不欺场的感觉，那么小的一块面包，包的食材不可能很多，要给足。

意大利粉当然用意大利的，按照说明书的时间去煮，不能迁就吃不惯的客人弄得太软，意大利人吃硬的，就要做硬的，西红柿酱、芝士、橄榄油和老醋，都要原产地进口。

海南鸡饭不可用冰鲜或冷冻鸡，要当天屠宰的，不然一看到骨髓黑色，即穿帮。鸡煮后把鸡油和汤拿去炊饭，不可太软熟，要每一粒米都见光泽。保持不去骨的传统，客人不在乎啃它一啃。浓酱油，用鸡油爆的辣椒酱和生姜磨出来的茸，都要按当地规矩去做。

喇沙分两种，新加坡式的和槟城式的。前者一定要加鲜蚶，椰浆要生磨，不可用罐头的；后者必用槟城虾头膏，酸子、菠萝和香叶不能缺少。

越南粉的汤底最重要，尽用牛骨熬是不行的，要加鸡骨才够甜。洋葱和香料大量，这是专门的学问，秘方可参考墨尔本的"勇记"。

咖喱则采取日本式的，这么多年来，他们把咖喱粉研究得出神入化，不是太辣，嗜辣者可另加，用上等的神户牛肉当料。

说到牛肉，其实了解货源，就知道成本并非很高。客人要吃牛肉，为什么不给他们最好的？

至于日本米，价钱即使比其他米贵，但白米饭能吃多少？应该用炊出来肥肥胖胖，每一粒都站着的米。用来做寿司也好，做最新鲜鱼虾铺满的chirasi sushi。

还供应多款的送饭小菜，成本高的可以卖，低的奉送好了，像蒜、葱。更有多种下酒的零食：沙爹、yakitori、罗惹、春卷、虾片等等。

一般老板都把利润打得高，但是如果把利润一部分花在食材上面，让客人满足，转台次数较多了，纯利不会减少。

餐厅内部，干净、大方、光猛，是最重要的，不必花钱在无聊的豪华的装修上面，桌面可以做成长形，像伦敦的Wagamama或国泰的商务舱候机楼那种设计。

桌面可改为大理石的，不必太厚，把灯藏入，光源从下面射上，非常柔和。大理石材用云南产的，成本不会太高。

每一条长桌前面或后面站着一位服务员，下单后，仔细观察客人的需要，用无线通话关照厨房人员奉上。

厨房方面，食材愈是高级，要求的厨技愈少，把处理的步骤用拍成照片，钉在墙上，不会弄乱。主要是质量控制，不合格的不能上桌。久而久之，把年轻人操练熟了，就不必受师傅的气。

进货的要高手，分量算准了就不浪费，也容易控制，一份东西用多少斤菜和肉，不会流失。

研究了开餐厅多年，认为"平、靓、正"三个字，是永远不会错的，其中一字缺少，毛病就跑出来了，像贵货要卖贵价，以为理所当然，但也有客人吃不起的风险。东西好，价钱意外地便宜，才是正途。

一切计算完善，还是有风险，做任何生意都有风险，但是不做是不知道的。我常说："做，机会五十五十；不做，机会是零。你遇到一个美女，大胆前去搭讪，被拒绝最多是一个白眼。光看，让她走过，永远后悔。"

开一家福建餐厅

福建人在香港，至少有几十万吧？他们来自闽南，也有不少印度尼西亚华侨，多数集在北角一带。但是，连一家像样的福建餐厅也开不成，实在令人费解。

数十年前还有中环的"伍华"和北角电气道上的一家，颇有规模，但当今只剩下春秧街的"真真美食店"和土瓜湾的"阿珠小吃店"，纯属小吃。我还记得炮台山道有另外一间，由上海餐厅的经理出来开，也已停业。很奇怪的，上海馆子里的侍者，聘请很多福建人，不知是什么原因。

首先问的是，福建菜不好吃吗？不，不，我能举出的好吃的多不胜数。那到底为了什么？也许只能归根于福建人不太会做生意，像他们出茶，安溪的铁观音和武夷山的水仙，但卖茶的多是潮州人或广府人。

这话也不是事实，国内的福建商人不少，到了海外，南洋首富陈嘉庚就是一个例子，而掌握菲律宾经济命脉的，也都是福建华侨。

去到厦门，各类食肆林立，像老字号"老清香"就等于香港的"镛记"，街边小吃更是成行成市，不过就没一间来香港开分店的，真是难为了那么多居港的福建人，和我们这群爱好福建饮食文化的人。

福建的小吃无疑是美味，像颇受大众欢迎的沙爹面、五香卷、咸饭、肉粽、蚝仔煎、扁食（一种迷你饺子）、番薯糜、炒面、炒面线、炒米粉和炒粉丝，等等等等，我一数就口水直流。

别忘记他们最著名的包薄饼，用七八种蔬菜炒了又炒，焖了又焖来当馅，铺上螃蟹肉、鸡蛋丝、腊肠、芫荽、葱和虎苔来包，简直是天下美味。

另外有吃了会上瘾的"土笋冻"，把洗净的沙虫熬成浓汤再结冻而成，但许多人听到有个"虫"字都怕怕，所以他们把"虫"改成"笋"字来卖。

但说句公道话，小吃精彩，大菜不太显著。如果要在香港开一家高级的福建餐厅，尽可以向同系列的菜式取经，像那道"佛跳墙"，虽说是福建菜，但属于福建北部的福州，闽北闽南分别甚大，甚至于方言都不能相通。

"佛跳墙"用一个大瓮来炖，内塞有鲍参翅肚，几乎你能想象到的昂贵食材，都可以放进去一块儿炖，一炖十多个小时，最后的汤浓得挂碗，才算合格。

用同一种烹调方式，以猪筋、猪皮和较为便宜的食材来代替，只要火候上不偷工减料，也能做出一道上乘的汤来，绝不昂贵。

福建人还有一道几乎失传的汤，那就是用一个深底的大锅，把食材一层层铺上去炖，最下面的是大只的蛤蜊，第二层是芋头，接着是炸肉块、鸡、鱼、大虾、白菜、鸡蛋、生蚝等等，一算数十层，你想想看，熬出来汤有多好喝！

福建的卤肉也做得好，和潮州的卤水物不同，它的味较浓，色较黑。卤猪肉软熟，香喷喷，切了就那么送酒下饭也行，不然切开个扁馒头，把肉连汁夹在里面吃，这就成为了台湾人叫的"割包"了。

谈到台湾，本省人多从闽南去，当地菜都带福建传统。香港人最爱吃台湾菜了，所以福建菜在香港没有理由流行不起来。开福建菜馆时，向台湾菜借镜，有大把菜式取材。

因为闽南和台湾都靠海，鱼虾及贝类的煮炒变化多端。像第一碟可以上蚵仔，那是将小蛤蜊略略烫开，再以生抽、大蒜和辣椒腌制的前菜，鲜甜无比，吃完包管要再来一碟才满足。

接着是炒海瓜子、白灼斧头螺，和越熬越好喝的螺肉葱蒜汤。福建人虽然没有粤人的蒸鱼本领，但是他们的半煎煮或上汤煮鱼，像煮鲳鱼等，都是令人吃不厌的。

做螃蟹更是拿手，拆了肉炒丝瓜，不然整只斩件铺在糯米饭上蒸，叫为红蟳米糕。

除鱿鱼、鱿鱼沙爹米粉、鱿鱼焖肉等，福建人的白灼八爪鱼更是一绝。经他们烹调，那八爪鱼一点也不硬，像在地中海吃到的一样美妙。

开福建餐厅时把福州菜加入，一点也不勉强。福州菜除了佛跳墙，最出色的是他们的红糟文化，红糟鸡、红糟猪肉、红糟鱼虾等等。

另一道精彩的叫醋熘猪腰，是把猪腰和海蜇皮，加上油炸鬼、糖、醋和绍酒，一气呵成地炒出，试过的人无不赞好。

他们的白米饭更是特别，用一个橘子般大的小绳笼，把洗好的白米放进去，挂在锅边蒸熟。上桌时侍者对着空碗，把那小笼的饭挤进去，做法又好吃又好玩的。

至于面类，福建人爱用的黄澄澄的油面，不管是煮是炒，皆为美味。油面很粗，有时不入味，可以改良，用日本拉面般的细条，会更受欢迎。

但福建菜不管怎么做，没有了猪油，就逊色得多。当今客人怕怕，是能理解的，可以把餐牌改为传统味的和古早味的。前者用植物油，后者以猪油煮炒，各适其适，一点也不冲突，点菜时向侍者指定好了。

上述菜式，是福建菜的十分之一还不到，如果香港的福建富商有兴趣投资，开家出色的福建餐厅有多好！我可以义务来设计餐单，那时自己也有了个好去处呀。香港的美食天堂美誉，更加固定了。

经营越南餐厅

香港人一从外国引进一种料理，就尽是些大路的玩意儿，绝不去钻研。

有的厨子，只学了几招，便开始混入中国菜的做法，基础没打好，就fusion了起来，更得打屁股了。

像西餐菜，我们只会烤烤牛扒，涂一层粉，焗个羊架，煎煎几片鹅肝，油浸只鸭腿罢了。你看，吃来吃去那几味，不是枯燥得要命吗？

由于我们对越南的牛肉河粉发生了兴趣，越南餐厅势若春笋，一家开完了又一家，但又是犯了样板戏的毛病。只是春卷、粉卷、甘蔗虾、咖喱牛肉、烤大头虾、滨海米线圈、米纸包鲜虾等等，一点新意也没有。

也不必等着你去创新，越南原有料理无数，等着你发现。如果要开一间越南餐厅，不是去那里走一圈就算数，住上两三个月，包你学会一些香港不常见的。

很难做吗？一点也不。最主要的，原料不可省，不能用本地货代替，非从当地输入不可。每天已至少有四班直航的飞机从西贡或河内飞来，购入那些原料，一定不会贵过日本刺身。但偏偏就不肯那么做，连最基本的鱼露，也要用廉价的泰国货来代替，一开始已经走了样。

做一道越南菜，先得从鱼露开始。原产的够浓，够腥，不太咸，这是越南料理的灵魂。每天吃，当然做得比中国、泰国和其他东南亚国家的好。接着就是摆在桌上那些鱼露浆（nuoc nam cham）了，一家越南餐厅，菜做得如何，先试一口鱼露浆就知道。做法应该是两份的鱼露、一份糖、一份白米醋和四份的水。但要做得出色，必须以柠檬或青柠汁代替白醋，而清水，则要改用新鲜的椰子水。鱼露浆要当天做，当天吃，隔一日没有问题，再放就变味，不管你是否放进冰箱里面。

香草更是不能马虎，最普通的香茅、金不换（罗勒）和薄荷叶用泰国的无妨，但是越南独有的毛翁（ngo om）和印度人用来包槟榔的la lot，以及锯齿叶芫荽（rau mui tau），又叫烤蒂草的，则一定要输入。

吃春卷时没有鱼露浆，吃牛河时没有上述的香草，都不能算合格。

有了这个基础，我们可以开始做一些香港不常吃到的越南菜了。

首先，最简单不过的是一道蚬汤，用大只的蚬，浸它一天让它吐沙，水开了把拍碎的香茅放进去滚，下蚬，最后撒金不换叶和鱼露。待蚬壳打开，熄火，大功告成。这道汤非常惹味，嗜辣不嗜辣的人都会喜欢。

椰青水煮鱼。把生鱼煎一煎，下椰青去煮，加鱼露，可以迅速做成。如果用的猪肉，则选半肥瘦的，下大量鱼露卤之。若嫌鱼露不够浓，可加虾膏，最后放椰青水。需时一个钟，肉才会柔软入味，此菜很能下饭，卤肉时可用一个砂煲，扮相更好。

果仁鸡或鸭。用这两种肉，去骨，下镬，爆香红葱头后把肉煎至金黄，加清水和鱼露滚之。待肉半熟，把花生或开心果磨碎加入，再煮至全熟，慢火收掉汤汁。加荔枝或龙眼肉，撒上芫荽即可上桌。

黄姜鱼。把黄姜（turmeric）舂碎榨汁，记得用手套，否则很难洗得脱颜色。鳗鱼或生鱼，铺粉炸它一炸。另用一个锅，加油，爆香，放切块的西红柿，煮至软熟，加鸡汤和鱼露，把鱼放入，熬成汤浆。有人会下芡粉令汤稠，但还是慢火的做法较佳。上桌时撒红辣椒丝、葱丝和芫荽。以这个做法，也可以不用西红柿，而是用全生的香蕉切片去煮，更能用生的大树菠萝，这么一来，就更有越南风味了。大家吃不出是什么食材，好奇心令到此道菜珍贵。

莲藤（莲茎）沙律。莲藤也是其他料理罕见的食材，去掉外皮，切段后过一过滚水备用，另外把鲜虾煲熟，也备用。爆香红葱头，把炸过的花生磨碎，将以上材料混在一起，加鱼露和糖，淋上青柠汁。最后把芫荽、红辣椒丝铺上。不用虾，也可以灼熟鲜鱿代之，又可撒炸虾片碎和下大量的芝麻。另一个做法是用生大树菠萝代之。生的大树菠萝去皮，剩下果肉和核。这时的核也不会太硬，可食，用滚水煮熟，再切成长条拌之。又有用芒果、蟹肉的变化，再可下煮熟后去水的粉丝，总之让你的想象力奔放就是。

田螺塞肉不只用在沪菜，越南料理也有同样的做法，剁螺肉、猪肉，加粉丝、马蹄和黑木耳及虾米，塞入田螺壳后焗之煮之炸之皆可。越南人比较有文化，将两枝香茅的细茎插在壳中，吃时方便起肉。

甜品可以将香蕉和各类水果炸后用老椰浆煮之，也能将哈密瓜磨浆后放进煮甜的粉丝，加上一片薄荷叶，加青柠和苏打，加上酸梅，或简单地把切掉不用的香茅青茎部分打一个结，滚水冲之，再加冰上，就没有冻咖啡或三色冰那么单调。

越南不远，把各种扎肉，像猪头肉肠、内脏肠等等，以及做得极好的鹅肝鸭肝酱直接每天送来，夹上面包，已是与众不同了。

大辣辣

门口金漆招牌，以黄庭坚的字体，写着很大的"大辣辣"三个字。

地方不大，三千平方呎左右，装修简单朴实。最大特色，是大堂中央的那个用铜打出来的锅，直径足足有六呎，锅身很深，发出香浓的辣味。店里挤满了客人。

探头看锅中物，眼镜即刻给辛辣的蒸气弄得朦胧，只见一幅鲜红的抽象画，活着的，形态变幻多端，又冒着白色的烟雾。

煮的是一沓沓的排骨、猪手、猪颈肉、面颊肉、五花腩，猪心、猪肝、猪肠，当然还有大量的猪红。总之整只猪最好吃的部位都在其中！

这一个大锅的汤汁是永不更换的，不断地加入食材和最辣的辣椒干、辣椒粉、胡椒、山葵、芥末，凡是造成辣味的因素都加了进去，就是不用味精。

锅边摆着很多对三呎长的筷子，客人可以随他们喜好选择，把肉装满一碗就算一碗，两碗就两碗，大师傅为你斩件后香喷喷上桌。

一坐下来先用这碗东西下酒。啤酒是浸在充满冰块的大桶中，学习"东宝小厨"。用来喝的鸡公碗冰冻过。一口啤酒喝下肚，滋的一声，像能浇灭燃烧的胃火。

墙上贴着全世界辣椒品种的海报，分新鲜的和晒干的。

辣的程度是没有标准衡量的，只能用比较。图上是将最不辣到最辣的辣椒分为十度计算，我们以为会辣死人的泰国指天椒，辣度只不过是"六"罢了。"十"是来自古巴夏湾拿的habanero（黄色小灯笼椒）。我们用来涂鲮鱼胶的绿辣椒，辣度是"零"，根本不入流。

天井挂下来的是一串串的青红辣椒形的电球，发出亮光；还有无数的大蒜，大蒜虽然和辣椒家庭无关，但是是最佳伴侣。

侍者的服装，女的穿大红，男的大绿，笑盈盈奉上茶水，不喝酒的有夏枯草。

打开餐单一看，不得了，里面全世界著名的辣菜都齐全。咖喱和冬荫贡等不在话下，还有许多没有听过的辣菜，一一尝试，七天也吃不完。

叫了一个美国辣豆，用木碗上桌，吃时用的也是木制的汤匙，里面的豆红颜色，但绝对不是番花染成，用最辣的德克萨斯州辣椒熬出来，中间夹了一些培根细肉。啊！味道奇佳！这是美国人唯一的地道菜，印第安人吃的，美国其他食物都受到外国影响。

涮羊肉用的是特别制造的锅，永不黐底，里面滚的不是汤而是酱——桂林辣椒酱，中间加了大量的大蒜。羊肉切薄片，白灼至半生熟，在锅中涮涮即能进口，吃完辣得抓着舌头跳迪士高。

嫌啤酒不够呛的话，可叫浸着指天椒的伏特加酒。对酒精过敏有其他选择。其实解辣的最佳饮品是牛奶，店里卖的是每天由北海道空运来的鲜奶，浓度达五度。

菜单上还有一页是客人的独创辣菜，原来大家可以在店里厨房炮制自家菜。被店主挑选出来的话，今后就将这个客人的名字列在餐单里面。他们来这家餐厅吃东西，自创的菜终身免费。

看名字，"大佛口"的老板陈先生也在里面。他从前做的辣煮东风螺已被各大餐厅模仿。有一天，嗜辣的客人叫他做一道全世界最辣的菜，陈先生想了一想，走进厨房，剁了大量指天椒，混在鱼胶之中，再蒸出来。他说炸的话是不够辣的，结果吃得客人都跪地求饶。

另一边的墙上挂着一块很大的牌子，是吃辣龙虎榜。这家店有一道秘方特制的招牌辣菜，用个鸡公碗盛着，颜色红黑之中，夹着金黄，未上桌辣味已呛得客人流泪。一桌人来一碗，大家分着吃都吃不完。

龙虎榜上布满客人的名字，最下面的那一行是能够一个人吃完一碗招牌辣菜的，上一行是两碗，再上一行是三碗，以此类推。冠军能吃八碗，那是两年前的事，至今还没有人可以打破他的纪录。

当然，冠军级人物可以随时来店里免费进食，招牌辣菜第一碗算钱，能吃到第二碗就不必付款了。

甜品有辣椒做的雪糕和指天椒甜酒。

陪着嗜辣的人来店里，自己不吃的，可以叫"仿辣膳"，大红大紫，看起来可怕，但吃着一点也不辣。

付账的柜台中，卖各国文字的辣椒书和辣椒食谱，并有全世界最辣的辣椒酱出售。那是用十公斤habanero浓缩成一小瓶的酱汁，装在一个特制的小棺材盒里面，表示致命，客人要买这瓶辣椒酱需要签一张生死状，辣死了店里不赔偿的。

因为材料并不是很贵，埋单时觉得价钱合理。

我们吃东西有时没有胃口，一没胃口就想起这家叫"大辣辣"的餐厅。

地址：不详。

电话：未装。

一切都在我脑里，店还没有开张，你有没有兴趣投资，做股东之一？

鲩鱼粥和机关枪

四老，真名没有人知道，到南洋谋生，已有四十年。

年轻时，四老对那回事真是天赋异禀，可以不拔鞘而连开四发，有"机关枪小四"的美名。年纪一大，人家便称他为"老四"。

在中国，他有妻妾、子女、孙儿。起初想赚了点钱回去，后来日本鬼子扰乱了他的计划，便一直拖了下来，未返家园。

单身在异乡，每天将卖笑女郎就地正法，钱再多也不够花，为了节省，就糊里糊涂地娶了个土女，连发之下，生了一个篮球队。

一年复一年，四老不断地寄钱回家，每接国内来信，看见发妻娟秀的字，便想起当年的洞房花烛夜，以及翌日清晨的鲩鱼粥。

这碗鲩鱼粥在其他地方绝对吃不到，他太太的刀法极佳，火候又抓得准，新鲜的鱼片，在滚粥里一灼，入口有弹性，不像别人烧得那么又碎又烂。

南洋的老婆亦很贤淑，她自认为了占人家丈夫，心中有愧，常常劝四老回家走走。

四老欠那笔感情债是无法补偿的，无论如何都应付不了见面的尴尬。

爱打趣的朋友对四老说："回去是应该的，不过要穿多几条底裤。"

"为什么？"四老问。

回答道："如果太太发了脾气，拿着剪刀要硬剪你那个话儿，最少也可以拖延几分钟时间逃走。"

四老听了只是苦笑。

到退休那年，坐也不是，四老脑中的鲩鱼粥越来越大碗。最后，他向那朋友说："怕什么？回去后最多先自行切下给她做及第粥。"

到了久别的家乡，儿孙候门，老妻却躲进房里。

左右邻居，老老少少的挤成一团，他们主要的还是想分点礼物。

在纷扰中，四太太忍不住，从房里冲出来，喝请各人回去。

两人相对，感慨万端，叫四老惊奇的是她十分健硕，而且三围不变。

当晚，四老一家，关上门，在厅上叙旧。四太太向儿媳们说："你们父亲在外，孤单寂寞，他讨一房小的，也是应该。"

四老听了松一口气。

她继续说："一个男子，无人服侍，如何了得。何况……何况他那……"

说到这里，四太太向他望了一下，两人都红了脸。儿媳们都莫名其妙，本来是同情四太太守活寡的，现在她那似笑非笑的表情，不知要怎么反应才好。

"好了，不早了，你们收拾碗碟快点睡……"四太太一说，大家散了。

那一夜，四太太烧了一盆热水，亲自替四老"洗番脚"。

之后，她自己亦在房里沐浴，四老要看她，她熄了电灯，燃上一对红蜡烛，而且焚了香，在香烟缭绕之下，两人都有了幻觉，回到当年洞房的时候……

镜头摇上，天空有个圆月。

天未亮，四太太起了床，整发抹粉，她望着甜睡中的丈夫，越看越开心。悄悄到厨房，她煮了一碗鲩鱼粥，再添上自己种植的芫荽，给四老作早点。

"很久，很久，没有尝到这味儿了。"四老说。

"是的，很久很久，没有尝到这味儿了。"四太太喃喃自语。

四老又爱又怜，拖她入怀，但给她用手推开。

"我那小的，虽然贤惠，但没有你……"四老说到这儿，她立刻捂着四老的嘴道："从此之后，不许你在我面前提她。"

看在四老眼里，其意心动，其音悦耳，其味甘酸，是一首艳诗。

四老强来亲了个嘴，她说："给媳妇们看到像什么话？"

说完起身。

四老问道："你要去哪里？"

"关门呀！"她说。

镜头又摇上，天空有个大太阳。

从第二天起，四老一步亦不踏出房门，和四太太如糖黏豆。

四老在家住了两个月后，陪太太到全国去游山玩水。到了苏州寒山寺，夫妇向佛像祷告彼此平安，他们所献的是一束昂贵的绸花，洋名为"永毋忘我"。

又去了泰山，四太太真是健步如飞，四老脚力不济，她回头，把四老的腋下一托，两老果然登上了南天门。

"老的，你还了得。"四太说。

四老喘着气："我在南洋，出门还要用拐杖，现在像打了一针荷尔蒙。"

四太说："老的，你已经够犀利了，打了针还得了？"

听了气顺，四老的呼吸再不急促。

看着他的微笑，四太说："番鬼药太霸道，以后还是试试北京同仁堂的十全大补丸好一点。"

日出的壮丽，也勾起另一处的健状，两人一看旁边无人，又来了一下。这一次，差点就要了四老的老命。

又回乡下，四老还是赖着不肯走。四太可是个明理之人："老的，你在那边已落地生根，和我不过是一场旧梦，明天，你好去买船票了。"

送到码头，四老说："明年，这个时候，再来看你。"

"路途遥远，没有回来的必要了，让小的照顾你好了。"

"你舍得吗？"

"第一次我已经挨了四十年；这一回，可以顶一世。"

四老笑道："我忘不了你的鲩鱼粥。"

四太涨红了脸："我才忘不了你的机关枪呢！"

乌龟公阿寿

很久之前，我在台北工作，住第一饭店，一泡就是两年。

那小房间就是我的家，里面堆满了翻版书，这种东西在台湾最便宜，不买是罪过。

看书看到半夜，肚子饿，没有厨房，我一定横过马路，跑到对面的大排档去吃炒面。这摊子的老板四十多岁，对工作一丝不苟，先爆蒜茸，生面炒个半熟，加上汤滚，又把一大锅的面分成六七份，各份均等地放入鲜鱿、五花肉、葱菜、鸡蛋、腊肠和虾，翻炒一下，撒上猪油渣、炸小红葱后上桌。那面入口，不软也不硬，香甜到极点。

多年后重游，想起那家炒面口水直流，即奔该大排档，已不见影踪。不死心，到附近的商店去打听，没有人记得，因为他们也是新搬来的。最后，找到一间简陋的杂货店，那干瘪的老太婆说："你是讲阿寿是么？他的福建面好好吃唷！"

"对呀！对呀！就是他！"我开始看到了希望，"他人在哪里？"

"面不卖，去做乌龟公了！"老太婆说。

"乌龟公"，台湾指妓院老板。我心想："他妈的，真有种！"

老太婆也不知道他的地址。我对自己有个交代，以为事情告一段落。

最近在西门町，看到一个熟悉的背影，马上高兴大喊：
"喂，阿寿！"

"是你呀，蔡先生，真久没见！"阿寿并没有忘记我。

看他一身新衣服，头发染得乌油，真有点龟公相，单刀直入："听讲你做了乌龟公，是真的？"

阿寿尴尬地点点头。

"不过，"他说，"做乌龟公不算是一件羞耻的事！"

"我不反对。"我同情他还是羡慕？

"真巧，我刚从监牢放出来，她们给我钱去理完发。我们先到一条龙去喝几杯吧！"阿寿也高兴起来。

三杯下肚后，这是阿寿的故事：

有一晚，来了七八个女人，她们都是附近做酒家女和舞女的，常来消夜，大家都很熟悉。她们叫了半打绍兴，吃到醉了。

"喂，阿寿。"其中一个说，"过来饮一杯，我敬你！"

我心里想老婆刚跟团去日本去玩，自己一个也无聊，就关了铺和她们吃酒。

"今夜这一顿算我请了！"我一喝醉就很大方地说。那几个女子高兴得跳起来，说我人真好。我一想起赚的钱全部给老婆拿去花，就有气，叹了一声："做人，不如做猪哥。"

"猪哥有什么好？"那个五月花说。

"赚钱！"我回答。

大家都笑得由椅子上滚下来。

皇后说："不如我们请你做猪哥！"

那一群女的都赞成："对了，我们免费替你服务，赚到的大家分，但是还有一个条件，就是要你炒面给我们吃！"我当时把心一横，就一口答应下来。

说说说之间，她们租了一间厝，我也把所有的钱给了我老婆，反正都是她抓着，收了面档跟着那群女人跑了。

起初大家都在酒家做，白天接客，半业余。钱赚得刚够开销，大家乐融融，一块儿吃炒面。我分配她们，也和炒面一样，很平均，而且你知道我做事一丝不苟，她们都很欢喜。

后来生意慢慢好了，她们干脆不当番，一天到晚吃这嘴饭，又招了许多姐妹，一下变成二十多个。问题来了，生意大家争，炒面也要抢着先吃，结果给一个新来的坏女人告到警备所，把我抓进去。她们哭得好伤心啊！一个个轮流来探监，那个守卫假装看不见，她们隔着铁条门，用手替我来一下。

两年很快过去，她们今晚等我回家吃饭，我不知去还是不去，因为我听说这桌菜，是一档卤肉饭的老板在家烧的。

邹胖子水饺

邹师傅做的水饺，热、香、软，皮是皮，馅是馅，两者各有独特的滋味。早年在内地，他的水饺档，已闻名全国。跟着人群逃到台湾后，又在一街头开档，客人拥挤前来，交通受到阻塞。

商人哪肯放过这个赚钱机会，纷纷拿钱出来请邹师傅开店。他不识字，不会取名字，自己身体肥胖，就干脆叫为"邹胖子水饺店"。

邹师傅开的店起初生意很好，后来客人就慢慢少了。投资者前来问原因，邹师傅脾气不好，左一声"他妈的"，右一声"他妈的"，"老子就不干了！"

他一走，后台老板还是以邹胖子为名，继续请旁人做饺子，生意虽然没有刚开始的那么好，但能够维持下去。后来还逐渐转佳，分店开了一家又一家，但是所做的饺子，已和邹师傅完全无关了。

数年前我在一家机构做事，它的饭堂所卖的小吃，只适合喂猫狗。忽然听到一个好消息：鼎鼎大名的邹胖子跑到香港来做生意，而且不是在别的地方开店，竟然肯到我们这间饭堂来包饺子！

当天，所有的高级职员包括总裁都一早去霸定位子，等着欣赏邹师傅的手艺。果然名不虚传,他做的水饺吃后毕生难忘。

但是,问题又来,休息时间只有一小时,等东西吃要花三十分钟,许多同事都不耐烦。过了几天,饭堂里的客人又少了,大家宁愿挨饭盒子去了。

公司的一个管理员跑到厨房去教训邹胖子,只见他慢条斯理地一个包完又一个。管理员大声喊道:"我说呀,邹师傅,我们这里人多,你为什么不早把水饺包好,大家叫的时候即煮给他们吃?这么慢,怎么做得了生意?"

"你他妈的懂什么?"邹胖子瞪大了眼,"一早包好,馅上的汁就渗到皮里去了!包水饺,功力就在现包现煮,你要快!你便去吃他妈的麦当劳!"

邹师傅收拾了行李。江湖上,从此再见不到他。

锅贴

　　程校长是山东人，南来已有数十年，我记得他常来家里做锅贴给我们吃。对一个吃惯炒粿条和虾面的孩子，锅贴是很新奇的味儿，所以印象特别深刻。程校长的锅贴，皮薄干脆，中间酿着的肉团子，摇起咚咚有声，蘸上浙醋，美味非常。

　　南洋的中文教育制度日渐变化，程校长不以为然，但亦默默耕耘。他的妻子的年纪比他小很多，甜甜的微笑，慧淑，以前是他的学生，对她的先生，她一直没有改过口地称为程校长。

　　工作之余，程校长有个兴趣，那便是变魔术。他无师自通，看着书照学，也很有成就，许多难变的魔术他都能表演，让我们一群儿童，有时看得惊叹，有时看得哈哈大笑。一天，程校长忽然宣布他不教书了。大家劝他留下来，他很固执地摇头，问他要干什么，他说："最多，回内地去！"

　　带着些微薄的积蓄，程校长和他太太告别亲友，便上路了。

　　据说程校长到了老家，老家已面目全非，亲戚们见他手头不阔，也少来往。

　　干部问道："你能干些什么？"程校长想了想："我会变戏法。"

之后，他和他的爱人，背着笨重木箱，到处漂流，给部队表演他的魔术。

渐渐的，掌声少了，大家也看腻了。

他太太一直当他的助手，怪罪在自己身上："校长，是不是因为我老了？"

程校长摇摇头。

"要不要我替你去找个年轻的女同志代替，校长？"

程校长摇摇头。

当晚，程校长又做锅贴，他太太吃了："校长，为什么味道苦苦的？"

程校长自己也吃了一口："不会嘛，还不是和以前做的一样？"

从此，我们再也没有听过程校长的消息。今天到北方菜馆，忽然又想起他做的锅贴，摇起肉馅子，可没有咚咚的声音。

大胃王

为了做宣传，在美食坊举行竞食比赛。参加者有六名，五名是香港的，第六名来自日本东京，是日本的大胃王，叫小林尊。

这个人二十七岁，不是个胖子，样子还不丑，头发染成金色，眉毛剃得尖尖的，像一个偶像歌手，还带着经理人兼保姆上阵。

比赛之前，我们坐下来聊聊："能吃那么多，天生的？"

他对我还算是恭恭敬敬的样子："不，我们家里的人都不是大吃的。"

"那么是训练出来的？"

"绝对要训练，最初吃一碗饭，接着两碗、三碗、四碗那么吃出来的。"他说。

"你在纽约的热狗比赛，一连五年都是冠军，到底能吞多少只？"

"五十多只，汉堡包我能吃六十多。"

"汉堡不是比热狗还难吗？"

"不是快餐厅那种那么大的，"他回答得老实，"比热狗容易。"

"这次比赛吃叉烧包，你有把握在十二分钟内吃多少个？"我问。

"没吃过，不知道。"

"为什么'大吃会'的比赛时间都定在十二分钟的呢？有没有原因？"

"也不明白最初是谁规定的，"他说，"后来的都跟着定十二分钟，没什么医学根据。"

"你现在还有其他工作吗？"

"没有。全靠拿奖金过活了。"

"世界上有那么多的比赛，你到底怎么知道会在哪里举行？"

"互联网上有很多网站，我的经理人公司替我找出来，我一个个去，今年的期已经排得满满了。"他说。

时间到了，工作人员来叫我们上场。

台上站着几位大汉，身材都比小林尊高大，个个都对自己的胃口很有信心。

轮到小林尊出场，他走出来，很有台风，已有许多少女尖叫，当他是明星。日本来的（不能称影迷或戏迷，最多是胃迷吧），纷纷举起相机拍照，小林尊向众人举出 V 字形手打招呼，更惹得那群疯狂女子高潮来到。台上，工作人员摆了一笼笼的叉烧包，一笼十个，叠得很高。

后台播出强烈的迪士高音乐，我举起大槌往铜锣一敲，比赛开始。

小林尊用最快的速度，在一分钟内，在别人只吃了三个时，解决了一笼。

狂扫第二笼，小林尊一面吃一面摆动身体跟着音乐节奏跳舞，简直是一名经验老到的表演者。想起倪匡兄吃得太饱时也跳几下，说能快点消化，笑了出来。

第三笼很快地吃光，我发现他是将叉烧包捏扁，令它们更容易吞下。开始喝水了，到了第四笼的时候，我在他后面问道："喝了水，包不发胀吗？"

他没有因为我打断注意力而分神："不，反而容易让面包粉皮软化。"

第五笼又吃完，别的参赛者放慢，已有气喘的迹象，小林尊干掉了六笼。

看时间，已过了六分钟，赛事过半，第七笼开始，气氛愈来愈热烈，因为他充满信心，不会令人联想吃得太多而肚子爆裂的恐怖印象。

时间一秒一秒过，我发现他的平均速度是七秒钟吃下一个，原来这个人已经胸有成竹地把要吃多少个算好，八笼已吃完。

别的人已经不太会动了，他已是赢定，但是没有停下来，像要打破自己的纪录。第九笼了，剩下两分钟，我拼命替他打气，现已经到了第九十八个，九十九，一百，完成。

在十二分钟内吃了一百个叉烧包！

闪光灯照个不停，小林尊优胜，看其他参赛者，最多吃到四十多个而已。

我把大银杯和奖金交到他手上，各家电视台和报纸杂志的记者争先恐后发问，小林尊淡定地一一作答。

"肚皮有没有胀呀？"记者问。

小林尊大方地拉开恤衫，露出大肚皮，众人惊叫时，他又收缩，展示六块腹肌，像健美先生一样。

他苦口婆心向小朋友呼吁："这是训练出来的，千万不可以学习。"

"你认为香港选手的表现怎么样?"

小林尊很圆滑地: "我看他们都有潜力,只是没有像我那样训练而已。"

"你比赛前有没有吃东西呢?"

"没有。"他回答得坚决, "饿了三天,做好准备。"

"那你平时一天吃多少餐?"

"六餐。每餐吃得不多。"小林尊说。

"吃了一百个叉烧包,今晚还会吃吗?"

"香港是美食天堂,我本来已经吃不下了,但是还是忍不住要试试你们的海鲜。"

给小林尊那一顶大帽一戴,香港的记者都很满意地收工了。

记者招待会完毕后,小林尊再找我闲聊。

"辣的行不行?"我问, "下次请你来比赛担担面。"

"第一碗会辣坏,但是到了第二碗就感觉不到了。请你一定要请我。"

"记得到时要多吃木瓜,木瓜能解辣,不然后患无穷。"我劝告。

"一定听你的话。"大胃王小林尊说, "我们有共同的地方,我吃多,你吃巧,都是靠吃为生,做这一行真快乐。"

老友记

天一冷，就想起吃火锅，跑到九龙城老友"方荣记"去。火锅的话，除了这一间，不作他选。

还是那么热门，店外站满客人等桌，我有特权，摩啰替我找到一个位子。

摩啰，是"方荣记"少东的别号。怎么取的？没有问过他。此君对红酒甚有研究，要开瓶八二年来请客，我说免了，一个人喝不完。

"喝不完，我陪你喝。"他说。

"算了，算了，今晚还要写稿。"好容易才把他的盛情推却。

"要吃些什么？"他拿着单子。

"自己来好了。"我本来要跑到玻璃柜台后，找那个切肉的老伙计。

"他退休了。"摩啰说。

熟面孔一个个老的老，走的走。想起来，旧老板，外号叫"金毛狮王"的，也过世了好几年，但是有新朋友接任，摩啰和他的弟弟现在主掌这家九龙城最热门的火锅店。从他们年轻看到他们大，摩啰也步入中年了，老店保持水平，实在不易。

切一碟肥牛。这里的来货，还是摩啰的妈妈每天早上从很多家肉档亲自进的，不是每一只牛都有的，是最好的部分。灼一灼，吃进口，一点渣也没有，不亲口吃过不相信。

"单单一碟牛肉怎么够，再来再来。"摩啰说。

"好吧，再一碟米粉好了。"

汤底已被牛肉煮得很甜，米粉将汤汁吸着，比山珍海味好吃。

蔬菜是奉送的，抓了一把西洋菜放进锅里滚，甜上加甜。

要埋单，摩啰坚决不肯收，我是一向坚持付钱的，争执一番。

"不行！"我喊了出来。

"当我朋友吗？"他说。

没话说。好，今次就白吃白喝了，拍拍屁股，走人。

菜市

抵达澳洲，办完公事，第二天一早便跑去菜市场散步。

同事问："你怎么对菜市场有那么大的兴趣？"无他，我在市场内走一圈，即刻了解当地的民生，由蔬菜和肉类的价钱，我知道他们的生活水平，所以和人家谈生意，不会吃亏太多。要是对方狮子大开口，你把番茄一公斤多少钱讲出来，他们多数会吓一跳，以为你事前已经下足功夫，不敢再骗你。

第二，菜市场卖的早餐一定比其他地方好吃，这些嘴已吃刁的菜农肉贩，绝对不会接受不新鲜的食物。

游菜市场常会遇到些漂亮的少妇，也是谈天的对象，要是你有时间的话，可以慢慢与她们泡。我多是来去匆匆，比起和她们作无益之谈，我还是喜欢找些寂寞的老人聊天。

老人们会把一切如数家珍地告诉你。墨尔本的维多利亚已有一百年历史，以前是华人坟地。那么大的地方，埋葬了不少人，由此可见中国人为开拓澳洲所付出的血汗。

卖菜的有不少是华人。有一个来自台湾，谈起来，才知道他本来在台湾也是种菜的，卖了地发了财，移民到澳洲，生活单调无聊，不如又种又卖。

"要不然，日子怎么打发呀？"他说。

女屠夫

逛维多利亚菜市，旭日的那几道斜纹极美，忍不住拿相机拍下。

蔬菜档的老人一面抽烟斗一面看报纸，买不买是你的事，也是极好的摄影对象。

走过一家卖猪肉的，听女人声音在招徕："一公斤六块，一公斤六块，再也找不到更便宜的！"

一看，是一名少妇，三分姿色，风骚得很。

她指指猪肉，又挺起胸膛，调皮捣蛋地问："要不要买？"

我微笑摇头："不买，我可以拍张照片吗？"

"请，请。"她很大方地，还要摆几个姿势。

这一来我很不自然，我敷衍地拍了一张算数。

向她道谢后正要继续上路，她还拼命推销："买些回家烧吧？"

"我住酒店，没有厨房。"我客气地回绝。

她忽然抛个媚眼，笑着说："买了拿回我家，我煮给你吃。"

一生人还没有试过和女屠夫较量，两种肉腥加在一起，不知道会有什么滋味，我蠢蠢欲动，可惜已到上飞机的时间。

心灵茶园

一个叫刘心灵的女人和母亲相依为命，妈妈渴望看到一片茶树，她出尽法宝，结果在珠海搞出了一个十亩地的茶园来。内地女人，真有她们的办法，佩服佩服。

除了茶，园中还种了不少罕见的蔬菜，供客宴会之用。此外还可自己烧烧陶器，雅事也。

我们吃的心灵茶园神农草宴一共有二十四道菜，番薯和芋头不算。

首先上桌的番薯，个子小小，用手指拗开，露出浅紫色的肉来，一口吃了，竟然甜入心，问道："有没有用糖煮过？"

草宴中第一道菜是甜点心，叫薄荷双色糕，用自己园种的薄荷做的，其实以下所有的菜，都是自己种的。

第二道是自己腌制的咸酸菜拼盘。第三道冷盘是茶青丝拌手撕鸡。汤则以灵芝来煲水鸭。

八角泥烩鸡是将大量的芫荽和八角塞在土鸡中再用叫化鸡的做法炮制的。我向老板娘建议，园中那么多奇特的野菜，应该看到当天长什么塞什么，芫荽比较起来，反而觉得普通。

香茅手抓骨是将香茅汁滴在长条排骨上，烤后用手抓一头吃的。上汤狮子菜的狮子菜你有没有吃过？我也没有，听都没听过。

紫苏炒大肠很精彩，大肠一点也不硬。月季荷香蹄基本上是红烧大猪手，月季花个性并不强烈，给猪香盖住。

草盆菜有紫贝天葵、人参菜、珍珠菜和花菜。茶青煎蛋角也够茶味。枸杞菜猪肝我一向喜欢。用潮州人爱吃又名字好听的益母草去焖鸭和芋头也特别。

数到这儿，我只能录下十四个菜，还有其他十个已没有版位介绍了。

名厨自杀

法国名厨卢瓦索，在家中被发现以来复枪自杀身亡。

卢瓦索五十二岁，出版过很多烹调书，创造革命性的"精髓烹饪"，令到"味觉爆炸"，用他的名字出品速冻食物，收数家餐厅，于一九九八年在巴黎上市，成为世界唯一一个拥有上市公司的厨师。

报纸上分析他的死，是因为有一本权威的饮食杂志给分时给了他十七分。

二十是满分，卢瓦索的餐厅本来有十九分，但最近被人家降低了两分，因此他蒙羞自杀。

天下竟有此种事吗？

也许是会发生，法国人癫起来很疯狂的。

但一般老饕的推测是，他因为生意失败而走这条路。

因名誉而自杀的，多数是受传统束缚的人。忠于顾客，或献身给雇主，这种人才有重大的责任感，而有责任感的人，是脑筋四方，按本子办事的居多。

观察卢瓦索过去的业绩，什么"味觉爆炸"之类的菜，都不是自傲的名厨下得了手的，有身份的厨子多数默默耕耘，不太自我炫耀，公关手腕也没有那么厉害。

我也比较相信他是因生意失败而自杀的那个理论，但个人想法并不重要。想谈的是报道中提到另一位法国名厨，叫Vatel。

一六七一年，法国路易十四到乡下去玩，接待他的是一位王子。王子欠了农民们很多债，要是把皇帝弄得高兴，就能借钱还债，所以吩咐他的总厨要豪华奢侈地做三天三夜的佳肴来宴客。Vatel在第一天第二天都顺利完成他的任务，到了第三天，海中发生大浪，抓不到鱼，他想做海鲜宴做不成，自杀了。

Vatel 拍成了电影，拍得很好，只是商业性不高，没在香港上映，真可惜。

好吃命

李居明是他在新艺城工作时认识的，至今已有很多年。

最近他那本叫《饮食改运学》的书提及我，查太太买来赠送。见面，李居明从一位瘦小的青年变成圆圆胖胖、满脸福相的中年人了。

他说我是"戊"土生于"申"月，天生的好吃命。而且属土的人需要火，所以我任何热气食物都吃，从来没有见过我大喊喉咙痛，这便是八字作怪的。

哈哈哈哈，一点也不错。他说生于秋天"戊土"的人，是无火不欢的，因此喜欢的东西皆为火也。

一、抽烟，愈多愈好。

二、喝酒，愈多愈行运。

三、吃辣，愈辣愈觉有味。

无论你列出烟、酒及辣有什么坏处，对蔡澜来说，便是失效。八字要火的人，奇怪地抽烟没有肺癌，身体构造每个人都不同，蔡澜要抽烟才健康。

同样的，酒也是火物，但喝啤酒便乍寒乍热，生出个感冒来。

辣椒也是秋寒体质的人才可享用的食物，这种人与辣是有缘的。

李居明又说我的八字最忌"金"。"金"乃寒冷，不能吃猪肺，因猪肺是"金"的极品。这点我可放心，我什么都吃，但从小不喜猪肺。

他也说我不宜吃太多鸡，鸡我也没兴趣。至于不能吃猴子，我最反对人家吃野味，当然不会去碰。

我现在大可把别人认为是缺点的事完全怪罪在命上了。我本来就常推搪，说父亲爱烟，母亲喜酒，都遗传给了我，而且不知道祖父好些什么，所以也是遗传吧。

一生好吃命，也与我的名字有关。蔡澜蔡澜，听起来不像菜篮吗？

糖斋

冯康侯老师生前很喜欢吃甜，后来干脆把书房改了一个名字，称之"糖斋"。

通常好酒嗜烟的人，对甜的东西一定没有好感。冯老师那时候已经八十岁，酒不多喝，但烟照样抽得很凶。我自己碰到糖果就皱眉头，为什么老师嗜甜，是我一直不能理解的事。一直没有机会问老人家，只是在外国旅行时总往糖店钻，希望找到一两样老师没有吃过的，带回香港试试。如果喜欢，下回才大量购买来孝敬。

"在珠江艇上饮花酒，几兄弟一下子就把一瓶白兰地干了。"老师说道，"每晚，艇仔的地板，总躺几个酒瓶尸体。"

这种回忆我也拥有，和倪匡、黄霑二兄做《今夜不设防》节目时，两个钟下来，三人喝两瓶白兰地亦为常事。

黄霑兄已经不喝了，说脚有痛风。倪匡兄虽然宣布自己饮酒的配额已用光，滴酒不沾，但是当我到旧金山去，我们两人还是照喝不误。倪太看在眼，也不阻止。量，当然大不如前，但啤酒和烈酒一瓶又一瓶。

我一直认为身体中有一个刹车掣，到时到候喝了不舒服，就不去勉强自己，酒一少喝，奇怪得很，开始可以接受雪糕。

各种不同的冰淇淋，看到了就想吃，尤其爱掺Baileys酒的，非吃到肚子痛不罢休。

旅行时坐长途巴士，也会从和尚袋中拿出一包包的糖果。太硬的不是很喜欢，嫌它们要吃个老半天才溶解，把它们当骨头咔擦咔擦地咬嚼。最爱吃的是黄砂糖，拣其中黑色的硬粒来咬，小时候不也是这么吃过吗？返璞归真罢了。

渐渐了解冯老师爱糖的心态，他逝世后糖斋没有人承继，由我来延长吧。老人家曾经写过的"糖斋"横额，不知落于谁手。今后搜索，找到了可当招牌，这家甜品店，终有一日开张。

谈吃

发现顺德人和法国人有一个共同点，那就是大家都喜谈吃。

"我妈妈做的鱼皮饺才是最好吃的，"顺德朋友都向我这么说。

"啊，普罗旺斯，"法国朋友说，"那才是真正的法国。那边的菜，才像菜。"

其实东莞的菜也不错，东莞人默默耕耘，不太出声罢了。

还是很佩服顺德人，见过他们的厨子的刀章，把一节节的排骨斩得大小都一样，炒也把汁都炒干，可真不容易。

我们一直以中国菜自大，但法国菜实在也有他们的好处，把鹅颈的骨头拆掉，酿进鹅肝酱的手艺，不逊中国厨子的花巧。

顺德人和法国人不停告诉你吃过什么什么好菜，怎么怎么煮法，味道如何又如何，听得令人神往，恨死自己不是那些地方出生。

比法国人好的，是顺德人自吹自擂之余，并不看低其他地方的菜肴。法国人不同，他们一谈起酒菜，鼻子抬得愈来愈高。

当我告诉一个法国朋友："我去意大利的托斯甘地区，他们的红酒也不错。"

"是吗？"法国朋友扬起一边眉毛，"意大利也有红酒的吗？"

不过这都是住在大都会的人才那么市侩，乡下的还是纯朴，不那么嚣张。

在南部小镇散步，见到的人都会向你打招呼，还说"Good morning."、"Good evening."，不像人家所说的你用英语他们不回答你。

喜欢谈吃的人，生活条件一定好，所生活的地方物产也丰富，但钱也不存留很多，没有那种必要嘛。大城市的暴发户才穷凶极恶猛吞鲍参肚翅、鱼子酱或黑菌白菌。优闲的人，聊来聊去，最多是妈妈做的鱼皮饺罢了。

感谢

对食物的喜恶，是很主观的。绝对不能统一哪样是最好吃，哪样是最难吃。这要看你是什么地方的人，吃怎样的东西。法国人将自己国家的菜形容得要多好有多好，我们说中国菜是世界公认的绝品。大家互相不认同。还有美国佬呢，他们一谈起薯仔片和汉堡包也自豪得很呀。

我认为吃惯的东西就是好吃的东西，尤其是妈妈烧的菜。第一个印象，就深深烙印在你脑中，从此毕生难忘。如果你妈妈生长在美国，烧汉堡包给你吃，你也会认为它是天下最好吃的，即使你是中国人。吃惯了白米饭之后，到外国旅行，尝遍当地美食，但总是想往唐人街跑，来一碗叉烧饭，不管他们煮得是多么难吃。

从前拍戏，来了很多外国工作人员，很享受唐餐，但不出几天，他们又去快餐店啃面包了，道理是一样的。就算是在中国，上海人还是吃烤麸和葱爆鲫鱼，北京人吃水饺和涮羊肉，山东人吃炸酱面和大饼蘸面酱包大葱，南方人吃点心和云吞面，都说自己的东西最好。别忘记四川人，吃毛肚开膛的大麻辣，其他淡出个鸟来。拾来的味觉也令人上瘾，去了泰国一趟，尝过冬荫贡，从此爱上，继续寻找这个新欢。韩国菜、越南菜也一样。还有日本的鱼生、鳗鱼饭和司基亚基呢。成为一个老饕，一定要有尝试各种不同口味的勇气和好奇心。吃过了，才有资格说什么好吃，什么不好吃，但是这一切都取决于遗传基因，有些人对吃一点兴趣都没有，饱腹就是，也是天生的。愈来愈珍惜父母给了我这份福气，也觉得不是生长在兵荒马乱的国土，非常侥幸。所以每次吃到一顿好的，虽非教徒，也感谢上帝一番。

入厨乐

　　说到烹调书，书店已有一大架子装得满满的选择。外国出版的，种类更多，摆得一面墙都是。中国烹调书，很多来自台湾，早年有著名的《培梅食谱》，但我们香港人看来觉得外江佬菜太多，并不亲切。后来内地也出了很多图文并茂的烹调书，但大多贪心，把全国的佳肴都放进去，反而少了特色。诸多的烹调书中，做法和分量都没搞清楚，有的太粗，有的太细，把读者弄得头昏脑涨，宁愿有英文，可以交给菲律宾家政助手去阅读。方太一系列的烹调书较佳，"糖朝甜品"洪小姐写的也不错。唯灵兄的英文书我还没有看过，不知内容如何。

　　说到最精美最实用的，是黄吴婷女士著的《入厨乐》。第一次看到，已爱不释手，读后得益甚多，今后自己烧菜，一定偷师。翻到"九江煎堆"，先是一张彩色照片介绍食物的全貌，背景的道具也陈设得细心，后页是做法的过程，一系列的照片拍出原料的包装、厂名，再有详细的过程，由搓扭到煎炸，一丝不苟，最后再看作者的烹调心得，把重点紧紧抓住，如果看了不会自己做煎堆的话，别入厨了。每一页的右上角都有一张古董茶盅的照片，用来盛菜的陶瓷更是悦目，作者不只做中国菜，西菜和日本菜也略加几道，炸鸡皮的背后是一樽白兰地，为 Martell 的 Extra。很多菜谱都先以冷盘入书，吴女士的不同，从传统的送茶甜心开始，接着是包点，然后才是主菜、小吃和粉饭汤酒，连做给小孩吃的脚板底也不放过。家中有位吴女士这样的高手，黄先生一生，已无憾了。

妮嘉拉的噬嚼

许多著名的电视烹调节目，主持人都是男的。我最爱看的有Flody那个老者，去到哪里煮到哪里，谦虚，幽默，有见地，非常出色。

Jamie Oliver始终经验不足，虽然有点小聪明，但烧出来的菜不见得有什么惊奇，他目前已由《裸大厨》（*Naked Chef*）那个小孩子，变成一只大胖猪。

Anthony Bourdain的《一个厨子的旅行》（*A Cook's Tour*）很好看，什么都吃，但是旅游多过烧菜。他对自己的技艺似乎信心不大，很少看到他亲自下厨。

女主持中，最有经验的当然是朱儿童（Julie Child）了，但她又老又丑，节目谈不上色香味。

年轻的有 Kylie Kwong的出现。她戴沈殿霞式的黑白框近视眼镜，身材也一样肥，经常皱着八字眉，并非美女。烧的菜很接近马来西亚的，也许是那边的华侨，已移居澳洲，说话带澳洲土腔，不是惹人喜欢的音调。

Discovery Channel中的《旅行与冒险》（*Travel & Adventure*），最近已改成《旅行与生活》（*Travel & Living*），着重于烹调节目。除了上述几位主持之外，看到一个女的。这女人大眼睛，一头卷曲黑色长发，浓眉，皓齿，说话慢条斯理，讲非常浓厚的贵族英语。衣着入时，但从不暴露，隐藏魔鬼的身材，四十岁左右，像一颗成熟得快要剥脱的水蜜桃，散发着不可抗拒的引诱力。

说起讨厌的东西，表情带着轻蔑不屑，可以想象到她有一副母狗式的势利个性。这个女人，到底是谁？

上网，查Discovery数据，别的节目主持人名字都找到，关于她的欠奉，已看得头晕眼花。

只有在 Google空格中再打入 TV cook show host，出现了天下烹调节目的主持人。一个个查阅，也没有相熟的面孔。

正要放弃时， Bingo！照片里出现了一个名字：Nigella Lawson。是她了！

用她的名字进入搜查器，乖乖不得了，约有十三万九千个符合这个名字的网站。

见笑了，原来是在英国的名门，杂志编辑，很多本书的作者和最受欢迎的电视节目*Nigella Bites*的女主持。

bite这个英文字用得很妙，可作小食、咬、剧痛、腐蚀、卡紧、锋利等等解释。令人联想到的是夏娃叫亚当咬的那一口苹果，更贴切的是吸血鬼的噬嚼。女吸血鬼的身材永远是那么美好，相貌令人着迷。叫妮嘉拉·罗逊（Nigella Lawson）来扮演，一点也不必化装。

妮嘉拉出生于一九六〇年，大学在牛津专修中古及现代语言，毕业后开始在《星期日时报》写文章，后来成为文学版的副编辑，继续替各大报章和杂志撰稿，又于*Spectator*和*Vogue*写食评。

能平步青云，除了自己的本事之外，家庭背景也有关系。她的父亲Nigel Lawson是保守党曾经的第二号人物，戴卓尔夫人的左右手。母亲 Vanessa Salmon是巨富之女，社交圈名人。

主持了电视烹调节目后，妮嘉拉风靡英国男女，节目更输出到美国，影迷无数。妮嘉拉烧菜的态度永远是一副懒洋洋相，从不量十分之一茶匙调味品。节目在她家中拍摄，她看见有什么新鲜的就煮什么，悠悠闲闲。烧到鱼时，她会说："到鱼贩那里，请他们将鱼鳞和内脏清洗干净，自己做这些琐碎事干什么？"

和其他女主持不同，妮嘉拉烧菜时从不穿围裙，也不会把长发束起，又高贵又有气质。她说："我不是一个大厨，我更没有受过专业训练。我的资格，是一个喜欢吃东西的人而已。"

她的第一本书叫《怎么吃：美食的喜悦和基本》（*How to Eat: Pleasure & Principles of Good Food*），她在书中说："用最小的努力来得到最大的快乐。"

接着，她写了《怎么做家庭女神》来提高家庭主妇的地位，书卖百万册。

和著名的电视主持人 John Diamond结了婚，生下一男一女。这个女人应该很幸福才对，但九年后，她丈夫得喉癌死去。她一直生活在癌症的阴影中，母亲四十岁死于肺癌，妹妹三十岁得乳癌去世。

曾经一度又沮丧又发胖的她，将悲哀化为力量，愈吃愈好，愈好愈瘦，她现在身材丰满，但一点也不臃肿，如狼似虎的年华，发出野性的魅力。

"生命之中，总避免不了一些很恐怖的事发生在你身上。活着的话，不如活得快乐一点。"她说。

问她对食物的看法，她说："食物，是一种令你上瘾的毒药。"

今后制作烹调节目，最好找这种又聪明又性感的女人，怎么样，都好过看老太婆呀。网上可以找到很多她的照片，听英国友人说，有很多男士把它贴在厨房墙上，幻想自己的老婆是那个样子。

谷神面包店

团友之中，有对小夫妻，先生高高瘦瘦，太太清清秀秀，言语温文，很讨人喜欢。

看到他们对食物，永远注意，一直尊重，不断地抱好奇心发问，对他们更有好感。

有天闲聊时问："做些什么的？"

"贸易。"先生回答。

"闷吗？"

对方点头。

"将来想改行吗？会做些什么？"

他们同声回答："开面包店，也卖蛋糕。"

从许多小夫妻口中，都听过这种话，还有开花店的、开书店的，都是美丽的梦想。

不久，经过九龙城福佬村道，看见一家装修得比其他铺子别致的面包店，没有中文招牌，外文写 CERES BOULANGFRIE ET PATISSERIE，就走了进去。

一看，不是那对小夫妻是谁？

"蔡先生，是我呀，李兆伦。"对方叫了出来。

我也为他们夫妇实现了愿望感到高兴，看店里产品林林总总，职员又忙得不可开交，客人络绎不绝，也就不打扰，买了一些东西，答应下次再来。

这一耽搁就好几个月，但每次经过店铺，都关心地观察，见生意滔滔，微笑了出来。

今天劳动节，日子过得快，记不得那天是假期，才发现没约人。又散步到福佬村道，店照开，见小夫妇过了时间还没吃中饭，请了他们两人到"金宝"吃泰国菜。

"ceres作何解？"我问。

"是希腊神话中的谷神，也有丰收的意思。"太太说，"既然开的是法式面包店，不用中文名也好。"

"怎么想到开面包店，而不是花店？"

李兆伦说："我小的时候，在后巷看到师傅将面搓成一团团，拿去一烘，变成面包出来，感到非常神奇，从此决定要自己做面包，就那么简单。"

"你也喜欢做面包吗？"我问太太。

她笑了："喜欢吃而已。"

"不只喜欢面包，对吃的东西都喜欢，在外头一试到什么新菜，回家就拿我当试验品。"先生说。

"有没有正式学过？"我问李兆伦。

他摇头："我小的时候就跑去叔伯的店里当学徒，后来念书，一有空也去面包店做业余工。出来教过书，假期到法国和台湾上过几堂课。做贸易时实习，没停过。"

"现在的面包店是怎么组合的？"

"最重要的是人，同事都在大酒店做过，上司是洋人，发挥不了。我把理念告诉了他们，大家都很愿意跟我出来闯一闯。接着是机器了，一共八九台，瑞士和法国做的。做法国面包一定要用他们的机器，焙烤之前会喷出蒸气，面团才润，高温一焗，皮多肉少，又很爽脆。"

"哪来的资金？"

"亲戚们支持，我很感谢他们。自己又有点储蓄，全放进去了。"

"怎么保证品质？"

"机器好，用料高级，最基本了。说到底，还是靠大家的热忱，每一个员工的兴趣都相同，从早做到晚，没有一句怨言。我的要求又高，但也让他们自由发挥，只有两点一定要他们遵守的。"

"是什么？"

"一是不准在工作时吸烟。抽了烟，手上会沾烟味，影响到面包。收工后，他们吸个不停我也不管。第二件是不得说粗口。"

"粗口人人都说的呀！"

"太太和我都听不惯。这是最低要求。"

"你们是怎么认识的？"

"青梅竹马，学校的同学，没有惊喜。"太太说。

"的确没有惊喜。"先生也笑了，"这个人一脑门吃，除了吃，什么话题也没兴趣，看电视也专看吃的节目，有时真把人闷死。"

太太微笑不搭嘴，她深知让先生在别人面前诉诉苦，也没什么大不了的道理。

"还有呀，"先生说，"她一直嫌我长胖了，每天要我做掌上压，但是每天又煮很多东西给我吃，一餐五六个菜，我怎么会不肥？"

"女人是什么东西做的？"我问。

他有点惊讶："人家都说是水做的呀。"

"不是，"我说，"是矛盾做的。"

他们都笑了出来。

看到这对小夫妻，很感欢慰。也许，今后数十年，一串的"谷神"连锁店会出现；或者，在他们年老时，小孩子们问："叔叔，你从前是做什么的？"

他们幸福地回忆："开过面包店呀。"

潮菜天下

"香港最好吃的潮州菜,有哪几家?"我这个潮州人,给朋友那么一问,也很难有个答案。

被公认为正宗的,有上环的"尚兴",那里的螺片烧得出名,但价钱贵得也出名,已被客人冠上一个"富豪食堂"的名称,当然不是我们每一天都去得的。

另一家是在九龙城的"创发",食物地道得不能再地道,只要你不是尽点一些高价海鲜,价格也适宜。那里的气氛有点像把大排档搬入店里,有些熟食是大锅大锅熬出来的,像他们的咸菜猪杂汤,也绝对不是家庭做得出的。

除此之外,从前南北行小巷中的摊子,搬进了维多利亚街一号的熟食中心,起初还有好几家开着,后来地方不聚脚,泊车又难,租金高昂,刻苦经营之下,走失多档;当今只剩下卖猪杂汤和粿品的两家是正宗的,其他的和别的广东小食一样,真是可惜。

市面上也有多间潮州菜馆,都已粤菜化,什么豉汁凉瓜、咕噜肉、沙律明虾等都厚着脸皮拿出来当招牌菜。今天招待日本友人到一家不出名的潮州餐厅,叫了一客蚝烙,上桌的竟是一片圆形的煎鸡蛋,切成六尖片,友人一看到,大叫:"Chiu Chow pizza(潮州意大利薄饼)!"

真羞人。煎正宗蚝烙用的是一个平底锅，普通的凹型铁镬是煎不出来的。厨子大概连这个道理也没弄清楚！

潮州菜基本上很少油，吃惯浓油赤酱上海菜的日本人，初尝潮州料理，惊为天人，认为健康之余，还一吃上瘾，绝对没有那种油腻腻圆饼的印象。

当今，要吃到一顿正宗的潮州菜，就连去到老家的汕头和潮安，也不一定找得到。经过"文化大革命"这个断层，又加上香港菜卖贵鲍鱼鱼翅的坏影响，我去过当地试了多家，都感失望。后来，到了汕头的金海湾酒店，老总替我找到了一位老师傅，和他研究了半天，问小孩子时吃过什么，才慢慢把他的回忆勾出。翌日一起去菜市场买菜，当晚才做出一餐像样的潮州菜来。

今天阅读张新民写的《潮菜天下》，感动得很。作者付出大量心血，将旧潮菜的历史和做法一一记录，实在是一本好书。多年后，当潮菜完全灭绝时，至少存着文字，让后代的有心人加以重现。

这本书出版得也辛苦，不在潮汕印刷，要"山东画报出版社"来刊印，可见自己人并不重视自己的文化，令人痛心。

阅此书引起我对潮菜的种种怀念，书中提及的鲎、薄壳、鱼生、护国菜、牛肉丸、老妈宫粽球、真珠花菜猪血汤、黄麻菜、姜薯等等，都是美味的回忆。研究潮菜、喜欢潮菜的人，不可不读。

说到潮菜，从"糜"开始，糜就是潮州粥。潮州粥要用猛火，水一次加足，煮至米粒刚爆腰就算熟了。这时候整锅粥让余热糜化，米粒下沉，上面浮着一层如胶如脂的粥浆，就是糜了，和广东粥截然不同。

从送糜的小菜，就能看出潮州的文化。潮人叫这些菜为"杂咸"，当然以盐渍为主，蔬菜、肉类、鱼虾蟹贝壳类，都腌制得咸得要命。海中的小生物一点也不放过，小蟹小贝，全部食之。像蟛蜞和黄泥螺，和宁波人吃得一模一样，这代表了什么？代表两个地方从前都很穷困，小量盐渍，才可多下饭下粥。

小水产的腌制，潮州人用个独特的字，称之为"鲑"，这与鲑鱼的"鲑"搭不上关系，潮语发音为"果娃"，黄泥螺叫成"钱螺鲑"，小鱿鱼腌制的是"厚尔鲑"，虾苗腌制的是"虾苗鲑"。有时，几颗盐腌薄壳，也能吃几碗糜了。

其他杂咸有鱼露腌制的大芥菜和芥蓝茎。菜脯、乌榄、榄角、香腐条、腌杨桃、咸巴浪鱼、熏鸭、橄榄菜、豆酱姜、贡菜等等等等，数之不尽。我上次去金海湾酒店摆早餐，自己到菜市场中找，铺满桌上的小碟杂咸，就有一百碟之多，一点也不夸张。

根据张新民这本书，再到潮汕去发掘，怀旧的潮菜可能会一样样出现。怀旧菜，是一个巨大的宝藏，我们不必创新，只要保存，已是取之不尽的。

再下来，可以到南洋去找回原味。华侨们死脑筋，一成不变，传统潮菜，却让他们留了下来。佼佼者有新加坡的"发记"。他们的炊大鹰鲳，一刀片开，插上尖枝，像一张帆。再在鱼肚内塞两支瓷汤匙，这么一来，那么厚的鱼肉才炊得完美。

还有曼谷的"廖两成"，也有很多怀旧菜。曼谷的另一家潮菜叫"光明酒楼"，老板已经七十多岁了，还亲自下厨。他的儿子当了医生，不继父业。这家店做的潮州鱼生特别地道，配菜也一丝不苟。我吃了埋怨杨桃不够酸，老板耸耸肩："没办法，泰国这种地方，种出来的水果，都是甜的！"

口味

真正好的潮州餐厅，香港没剩下多少家，多是一些和粤菜混合的，结果两方面都没做好。

贵菜，像鱼翅、螺片等，也许有人认为在上环的那两家老店做得好。小食方面，从前是潮州菜最佳，当今搬进熟食中心，味道逊色了许多。

地道的平民化食肆，只有九龙城的"创发"。我人在香港的话，就会想去吃吃。今晚，双腿又把我扯去。

和老板已是好朋友了，像初遇那么亲切。他知道我吃得不多，每一样菜都来一点点，像腌咸白带鱼，送给我一小块试味罢了。

站在玻璃橱窗内的光头老伙计也把我当成亲人，看咸白带鱼冷了，在油锅煎得香喷喷才拿给我。

这里的猪肚和猪粉肠煮咸菜汤，绝对在别的地方吃不到，最巧手的"家庭煮妇"也做不出来。无他，只是他们客人多，大量胡椒一大锅一大锅熬出来，你去哪里找？

"炒一碟锅粿给你吃吧！"老板说。

用米浆做出来的长条锅粿，有两种炒法，下黑酱油、韭菜和鸡蛋，用平底镬煎出来的，这只有在"创发"才能做到的。

锅粿照样是和鸡蛋一齐煎，但是以芥蓝梗薄片代替韭菜，还加了蚝仔，下鱼露，有点像蚝仔煎混上锅粿，但是还下了很多糖。

什么？又咸又甜？广府人和上海人吃进口一定皱眉头。

这才是真正的潮州菜呀！不是从小养成这种口味，是不会了解的，这种又咸又甜，也只有潮州人才够胆创出来。

潮州饮食文化特别，常将意想不到的味觉掺在一起，像他们的龙虾是冷吃的，片后再点甜的橘油，咸甜融合得天衣无缝。这道理和沪菜的浓油赤酱一样，但你不是上海人的话，也不懂得欣赏。可惜，浓油赤酱和咸甜锅粿在消失。剩下的，只是淡出鸟来的新派菜，他妈的新派菜！

潮州鱼生

如果有另一个地方，比潮州更像潮州的，那便是曼谷了。

你能想象到的关于潮州的一切，这里都有。能讲潮州话，在曼谷更是通行无阻。

最好的潮州东西，当然莫过于潮州菜。

在一家叫"笑笑"的馆子，我叫了一碟鱼生，用的是鲩鱼，蘸甜梅酱吃，味美无比，一碟不够再一碟，一共吃了四碟才肯离开。

以前在加连威老道的一间店里还可以吃到，后来卫生官阻止，在香港已不卖。除了曼谷，新加坡也还剩下两档。别的地方是否有鱼生，我就不知道了。

潮州鱼生做起来挺麻烦的，切鱼当然要讲究技巧，佐料需要：菜脯丝、萝卜丝、中国芹菜、杨桃片、黄瓜片、酸柑、芝麻、芫荽等等。甜酱最难调得好，中间加的豆酱油不可缺少。总之每个细节都要考究。

在尖沙咀东部的"兴隆楼"，遇到熟客时，还肯做鱼生，但是已不劏鲩鱼，改用深水的鲻鱼，才不怕生虫。要吃时必得先预定，当场叫的话大师傅不会睬你。

我去试了几次，味道甚佳，不过后来我每次要吃，他们都说今天的鲻鱼不够鲜。大概是生意太忙，不想理我这个疯子。

食桌

小时，最喜欢听到"食桌"这两个字，是家中办宴席，大请客人的意思。

师傅前来烧菜，叫"做桌"。他们搬了种种材料、几个炭炉和一块大锌板——用来盖屋顶的那种。

先把锌板铺在草地上，另一边烧起炭来，炭一烧红，就摆在锌板上。大师傅拿了一支猎户用的双叉，穿乳猪，就那么烤将起来。

记得捧着双腮，看大师傅把乳猪转了又转，绝对不会让猪皮烤得起泡。全身熟透，但表皮光滑如镜。

后来在香港吃到的乳猪，皮上都爆得起了芝粒，绝不光滑，也没有小时尝过的那么好吃。烤完猪后便把鱼翅分了上桌，当年并不是很贵的东西，吃时一人一大碗，满满的尽是翅，不像现在的人吃的，有三两条在汤上游泳那么寒酸。翅是红烧，没猪油红烧不成。蒸鲳鱼为主菜，越大尾越好。大师傅把鱼肉片开，但留一部分在骨头上，让汤汁更加入味。鲳鱼上面铺满咸酸菜、中国芹菜、香菇片和红辣椒，但最主要的，还是大量的肥猪油，切成幼丝，蒸后溶在鱼肉之中，没有了猪油，绝对不好吃。蒸后碟中剩下很多汁，除吃鱼，汁当汤喝，虽略咸，但饮酒之人不会抱怨。

也少不了虾枣蟹枣，那是把虾蟹和猪肉剁碎后，用网油包起来炸，再切成粒状上桌。不用网油包的话，已不能叫为枣。

最后，大师傅还会做一大碗的芋泥，当然又是猪油炒出。

总之，潮州人食桌，全是猪油。

最好吃的不是食桌，而是食桌后的那几天，把剩下的东西和春菜一起翻煮。很奇怪的，猪油被春菜一吸而净，看不见浮在上面的那一层，而这碗春菜才是天下美味。鲍参翅肚，给我站开一边。

到会记

当年母亲做寿，因行动不便，已甚少出外吃饭，就请了"发记"到会。

到会，南洋人又叫办桌，是把餐馆搬到家里来。香港著名的"福临门"也以到会起家，做工一流，店名吉祥，生意滔滔。到会这件事，年轻一辈见也没见过。当今能做到，已算是豪华奢侈的了。

"发记"我认为是全球最好的餐厅之一，许多老潮州菜都被五十岁的东主李长豪先生固执地保存下来，如今即使去到汕头，也难找到同样水平的。

长豪兄放下店里的生意，在星期天驾了辆面包车，带着位助手和两位女侍应，搬了家伙，浩浩荡荡来到我家。

先把他设计的烤乳猪铁架从车上搬下，搭好了，点起炭来。这么难得的过程，我当然得从头观察到尾。

"大概需要多少时间准备一顿饭？"我问东问西。

"一个小时吧。"他回答。

"真快。"我说。

"现在方便得多，又有帮手，我爷爷当年去马来西亚的小镇到会，单枪匹马，带去的只是两支铁叉。"

"没有炉子，怎么烤猪？"

"在地下铺一张盖屋顶的铁皮，上面铺炭，不就是最好的炉子吗？"

"食材呢？"

"主人家里多数种点菜养些鹅鸭，至于鱼，还要亲自到附近池塘里抓呢，哈哈哈。"

乳猪两只，在店里已去了骨头。火生好了，长豪兄将叉插进乳猪中，就那么在我家停车场烧烤起来。

"先烤皮还是烤肉，或者两边烤？"我问。

"烤皮。"他肯定地，"肉可以等皮烤好后慢慢烧。"

"要不要下调味酱？"

"在这个阶段什么都不必涂，只要抹上一点黑醋，它使皮松化。"

一手一叉，长豪兄将铁叉翻转后，由家伙中拿出一支长柄的刷子，点了油，涂在猪皮上。"涂油是要令温度降低，不是更热。"他解释，"在这个过程之中，最重要还是心机，看到皮一过热，马上涂油，不然便会起泡。"

老潮州烤猪和广东做法不一样：广东人烤的是芝麻皮，要发细泡；潮州则是光皮，一个泡也不允许有。

忽然，在猪臀那个部分发现——不是细泡，而是一个涨得很大的，眼看就要爆开。说时迟那时快，长豪兄又取出一根尖长的铁枝，从肉中穿去，空气漏出，皮又变回平坦。

二十分钟后，烧得快好，但猪头旁边接触不到火位，有点生。长豪兄拿起铁叉，放在火炉架子的下面，让余温将猪头慢火熏熟，完全是一种艺术。

盐也不下，怎么够咸？在乳猪烤起的最后一刻涂上南乳酱，大功告成，斩件上桌。

接着做生蒸鲳鱼。两尾三斤重的大鲳，洗净后放在砧板上。助手说忘记带刀来，这如何是好？

"家里的很钝。"我说。

"不要紧。"长豪兄拿了过来，翻着碗底，就那么唰唰唰磨起来。一下子变成锋利无比的工具。

每条鲳鱼片三刀，两面共六刀。一刀在鳍边，一刀在背上，一刀剖尾。将两支瓷汤匙塞入背和尾的缝中，放在底。面上的缝里塞进两粒浸得软熟的大酸梅。鳍面腹部塞入了冬菇。"得把另一片冬菇铺在鱼肚上，那个部分最薄，不这么做会蒸得过老。"长豪兄说。

在鱼上放红辣椒丝、茼蒿菜和冬菇一只，红绿黑三色，极为鲜艳。淋上点鱼露，最后没有忘记猪油丝，蒸出来后脂肪完全溶化，令鱼的表面发亮。

"鱼蒸多久？"我问得详细。

"餐厅的火猛蒸五分钟，最多是六分钟，家里的弱，要十一分钟。"他回答得准确。用这种方法才能把整条大鲳鱼蒸得完美，至今，我到过无数的餐厅，都没看过。要不是长豪兄得到祖父传下来的手艺，在这世上已经失传。

下了一大锅热油，把南洋人叫为贵刁的河粉炒透，到略焦时另煮一大锅上汤烧的鱼片、虾、猪肉、鲜鱿和菜心，淋在河粉上面，兜两下，即上桌，给家母的一群曾孙子曾孙女先饱肚，大人再慢慢欣赏其他寿肴，包括了炸虾枣、甜酸海蜇头、芥蓝炆猪手、炒肚尖等等十几道菜。还有我最爱吃的潮州鱼生，将当地叫为西刀的鱼切片上桌，鲜甜无比。最后上的是甜品金瓜芋泥。

付账时，价目看得令人发笑，我说："不会是因为我们的友好关系，算得特别便宜吧？"

"你讲明不吃鲍参肚翅的，怎会太贵呢？"长豪兄笑着说，"那些材料，也见不到什么功夫。当今的客人只会叫那些东西，而且吩咐一定要清淡，一点猪油也不许下。"

"叫他们操自己去。"我说。

南洋的天气下，长豪兄满头大汗，略为肥胖的身体上穿的衣服也被汗水浸透。他听了我的话，好像已经不在乎，笑着附和："是的，叫他们操自己去！"

办桌菜

食物，个人的喜恶，是很强烈的。我会说福建话，又懂点日文，年轻时到了台湾，住上两年，可说是如鱼得水，因为老一辈的人，都以闽南语和日语沟通。他们很热情，理所当然地，我爱上台湾菜。

什么叫台菜？简单来说，承继了福建传统，又掺了当地人口味，加些天妇罗之类的日本东西，就是台菜了。

台菜的小食著名，什么担仔面、贡丸、四臣汤、鱿鱼羹等等，都是美味，但如果只吃上一桌的大菜，则以"办桌菜"为主。

什么叫办桌菜？办桌，就像广东人的到会一样，是群吉普赛流浪式的厨子，去到哪里，做到哪里。从礼宴、生日、庙祝到丧事，都请他们前来煮食，富贵人家在庭院中办，普通老百姓在路边或空地摆起桌来宴会，故叫办桌菜。

因为我喜欢，这次去了台湾，友人蔡扬名的儿子送给我一本叫《台湾办桌食谱》的书。喜出望外，以为可以做深一层的研究，但翻阅过后，才知道是作者一家之食物，以客家人做的为主，与福建师傅的手笔，又有不同，不能代表一切办桌菜。

其实应该这么说：一个厨子最拿手的菜，都可以叫成他的办桌菜。师傅做的花样并不多，来来去去都是十几二十道，叫他做别的，就不好吃了。

但是，标准还是有的。标准是要老土，愈土愈好，一加新派菜肴，就失真了。老土菜有它的好处，那就是真，不花巧，不做作。

怎么一个老土法？像第一道菜"五福拼盘"，书中介绍的已经是改良过的：炸腰果桂圆、红糟五花肉、炒鱿鱼丝、炸虾卷和烤乌鱼子。

真正的老土闽南拼盘，也有乌鱼子和五花肉，不过是卤的，并非客家的红糟；炸虾卷也有，但不是以豆腐皮来包，用的是猪网油；另有一样龙虾沙律，一共四种。在中间，非摆螺肉不可。台湾什么海产都有，唯缺螺肉，认为是最珍贵，也只能买到进口罐头的。为了要证明是真材实料，把罐头盖一开，整罐摆在中间，以示无假。有时，办桌的人也以车轮牌罐头鲍鱼代替螺肉。这种上菜的方式，你说老土不老土？但是一将这方式抛弃，办桌菜的精神即刻丧失，再美观也不感觉到好吃。

一定出现的还有佛跳墙。这道菜由福州传来，真正的做法要花上好几天准备，内容有鱼翅、海参、鱼唇、鱼肚、鲍鱼、干贝、猪蹄筋、猪肚、火腿、鸡、鸭、鸽蛋、冬笋、冬菇、萝卜等，配上鸡汤、肉骨汤、绍酒、酱油、冰糖、姜以及八角，以荷叶密封于酒坛中，用文火煨个一整天才能上桌。

办桌的佛跳墙已是大众化，保留了海参和猪蹄筋，萝卜上面又加了芋头和蚬等较为便宜的食材，偶尔添些江瑶柱，鱼翅更是少得可怜，像在汤上游泳。不过做法没偷工，照样以慢火熬足几个小时，煲出的汤都能挂碗。

土鸡也是不能缺少的，用的多是母鸡，几斤重者，做法有如广东人的白斩鸡。但台湾人不论是闽南或客家后裔，都把鸡煮熟，取少许盐，趁热抹在鸡上，摊冻后切块铺盘，客家人蘸橘酱，闽南人则蘸蒜泥酱油，用的是浓郁的西螺豉油膏。走地鸡在台湾叫放山鸡，很有鸡味，这一道菜很受吃惯农场鸡的人欢迎。

鲳鱼在广东不受重视，但在福建和潮州则是上桌菜。有些师傅做的是盐酥白鲳，用面粉轻轻喂过，再油炸，上桌前加盐，但是正宗的是用蒸的，加了很多汤水。

汤汁多，似乎是办桌菜的特色之一，有些用个深底锅，最下面放大蚬，上一层芋头，再上一层炸猪肉，又一层萝卜，再有江瑶柱，又再是蚬。最后客人多数是喝汤罢了，肉再也咽不下去，反正你我拼命灌酒，也只有喝汤来消除醉意。

但是办桌菜还是照样上个不停，吃不完，是它的精神。红蟳米糕非吃不可。所谓蟳就是蟹，米糕即是糯米饭。优秀的师傅会将膏蟹的肉拆出，混在糯米中，上面再铺充满膏的活蟹，慢火炊成。一般的只用糯米，不混蟹肉。

炒米粉家家都会做，但是办桌的弄出不同的风味。炒福建面，更是一流。炒粉丝，家庭主妇没有把握，只有办桌师傅不会炒得焦掉。当然，用的是猪油。

台湾渔产丰富，靠海的人家办桌，就地取材，多为九孔小鲍鱼、鲜瑶柱、西施舌、生蚝、海瓜子、皇帝鱼、活虾、鳊鱼、沙肠、柴鱼、鲈鱼，还有一种雪白柔软的鲨鱼叫豆腐鲨，都能入肴。

最后的甜品，多为季节性的莲雾、菠萝、芒果、西瓜等等，也煲些汤水，像甜花生汤、绿豆沙等等，各家不同，各自精彩。

这数十年来，办桌菜被视为落伍，只有老人家肯吃，沦落了许久。拜赐于怀旧当时尚，当今办桌菜已有复苏的现象，但是师傅一个个死去，剩下的高手不多。不过已搬进餐厅营业，不是流浪的厨艺家，有几间是打正招牌做办桌菜的，一桌桌卖，如果客人人数不够，可以叫"半桌"，这也是传统。

也可以请最后的大师到会，或者在他们的小店外面搭个帐蓬，办个十来桌。吃时请一队叫Nagashi的流浪乐师来伴奏，跟着来的是几位裙子短得不能再短的年轻歌手，大嘶大叫，才有正宗的吃办桌菜气氛，是非常好的享受。没试过，是人生的憾事。向没吃过这办桌菜的友人说了，他们无动于衷，已有成见，认为台湾菜没什么好吃。我也不怪他们，他们没有对台湾发生过感情。我早说过：食物，个人的喜恶，是很强烈的。

福建薄饼

邻居是一家福建人，有待我长大后将女儿嫁我之意，所以有任何好吃的，我必先享。

代表福建的食物，应该是薄饼。包薄饼是一件盛事，只有在过年过节时才隆重举行。一煮一大锅的菜，连吃好几天，越烧越入味。虽然单调，但百吃不厌。如果你吃上瘾，便是半个福建人。

它的材料通常都不必太花钱，每一家人都吃得起，不过总是要用一整天工夫去准备，这也是种乐趣。

薄饼皮在街市上买得到，可惜嫌太厚，吃皮就吃个半饱，而且洞多，菜汁容易渗出，又易僵硬，用湿布包得不紧，第二天第三天就变成碎片。

皮最好是自己做。买个三分厚的平底铁锅，以温火平均烧热擦净，并以油布周围薄薄地涂一圆圈。将面揉和，顺手抓一面团，迅速地在铁锅上一黏，像魔术师一样变出一张张的薄饼皮。

主要原料是大量的包菜、大头菜、荷兰豆、豆干、红萝卜等，切丝，加冬菇，温火炒之又炒，以尽量不要多汁为原则，炒一大锅，放在一旁。

另外准备烫熟了的豆芽、芫荽、扁鱼碎（大地鱼碎）等，还有福建人叫作"虎苔"的，是一种煎脆了的海草。

那么，我们便能包薄饼了。先将皮张在碟子上，涂了甜面酱或甜酱油，加一点蒜泥，接着用两个汤匙从大锅中把菜取出，挤干，不让它有水分，不然皮便会破，将菜铺在皮上。然后加上述的虎苔等，要豪华可加螃蟹肉或虾片，顺手左右两折，再将下边的皮往上一卷，大功告成。

通常一人可以吃上几卷，大小随意，所以要自己包才好吃。好辣的人可放辣酱。大食者吃上十几卷也不奇。你如果客气不自己动手，那主人一卷卷肥肥大大地为你包好摆在你面前，不吃不好意思。

后来，我并没有当福建女婿，白吃白喝了他家几年，深感歉意。

谢谢他们让我学会讲福建方言，更珍贵地了解了福建人吃的文化。

卤乳猪耳朵

傍晚到报馆去送稿，总不喜乘车回家，一定要慢慢地散步到上乡道去。这个时候，那里有许多小贩和外卖的店铺，数不尽的佳肴。

一天，走过一摊卖烧肉的店子，看到有卤乳猪脚出售，正犹豫是否要买，店里的年轻人说："斩两件回去送酒吧！"

他的语调充满了传统买卖的客气和亲切，在香港已是少见了。我马上停下，仔细一看，不只有乳猪手，还有乳猪耳、舌、肚、肾、生肠等，像玩具小模型那么可爱。

各买了一些，年轻人说："一次生，两次熟，请以后多光顾，算便宜一点。"

我道谢后拿到家里一试，哎呀呀！这味道可真好。普通猪耳大得离谱，卤得不好又很硬，尤其是不将软骨切薄的话，把大牙磨平也咬不烂。乳猪耳大小如一元铜板，刚好一口，在嘴中细嚼，软骨爽脆，皮肉即化，溶成甘液，吞入肚子，再佐以老酒，不羡仙也。

第二天再去买，已经看不到袖珍美味。大感失望。

年轻人说："不是天天有的！"

我不好意思，想买一点别的肉类。

"不买不要紧，改天再来，如果你说好时间，我遇到有的话，我留给你。"他说。

明天又不知什么时候有空，只有摇头走了。

过了一阵子，又在他店外徘徊，年轻人说："只剩下两个，配一点别的吧，算便宜些，就八块钱吧！"

我一点头，他把肉肠、鸭肾、鸡腿、烧肉等等斩了一大包给我。

我看见那么多，哪能让他吃亏，便说："收十块吧！"

这一说说出镬来，他又拼命地连斩数件放进去，我怕吃不完暴殄天物，罪过罪过，一直摇头拒绝，想多给他一点钱，又怕他再斩。如何是好？

在推让中，我心里感到一阵阵的温暖，香港还有这种人存在。很高兴能和他接触，也很庆幸自己能在街头碰见这小吃。这才是美好的人生。

翻身

　　婚礼上的菜，没有吃头。却见熄了灯，一排排的侍者捧着装电池、点亮了眼睛的乳猪出来。大量制作，好不到哪里去。

　　侄儿蔡宁也从美国赶来，我叫他别吃太多，留肚去消夜。

　　好歹等到婚礼完毕，拉着他到旧羽球场隔壁的"肥仔荣"吃炒面。

　　"你爸爸和这家店的老板肥仔荣感情最好。"我向蔡宁说。

　　哥哥蔡丹去世，一眨眼也已经是六年了，带他儿子来吃面，一方面东西好，一方面让他怀旧一番。

　　这家店炒得最好的是伊面，味道是独特的，配料并不多，只有些鱿鱼片、鸡肝和两三尾小虾，但汤汁熬进面条里去，功夫一流。

　　等面上桌之时，侍者奉上一点猪油渣，炸得香脆无比，用来送啤酒，仙人食物也。

　　还有一个特点，外卖时是以棕榈的软叶来包，坚持不肯用塑料盒子，数十年不变。我们有时在家打台湾麻将，也叫年轻的一辈打包回来消夜，面条给叶子的香味闷了一闷，更是出色，总有吃不够的感觉。

　　但是，欣赏这种古早味的人愈来愈少，许多年轻人还不知道"肥仔荣"在哪里，随便在附近吃个炒伊面，以为就是地道的。

翌日走过一家店，写着"福南街著名牛肉粿条"，还用英文括注"（Since 1921）"，即刻冲进去试。老店我小时常去，海南牛肉河粉分生肉和煮肉两种，前者灼得刚好，后者煮得烂熟，汤都香浓，味道念念不忘。

说是最多人叫的，店里先给我一碗干牛河，用茨粉搅得一塌糊涂，铺一圈酱在面上，是店里创新食物，吃了一口就放下，要求原汁原味的汤牛河，但完全不对味。

老店主已去世，做给我吃的是他的孙媳妇，我走出来时向她说："要是你爷爷有灵，一定翻三个身。"

道德面

　　九龙城自从机场搬走后，附近的食肆生意一落千丈。当然，好的照样有长龙。以为泰国餐厅已开得太多，但没有减少，反而有增加现象，周围的杂货店也跟着一家又一家，什么地道的食材都很齐全。

　　走在街上，遇到一位泰国厨师，从前在相熟的铺子中做过，认得我，把我叫去他新任职的餐厅试菜，欣然同往。

　　要了一碟捞面，是我最爱吃的。在曼谷街头这种面档最多，但很奇怪，香港的泰国菜馆，很少肯做。捞面上桌，配料和咸淡都还好，只是用的面条不是泰国来的，以本地的银丝面代之，失去原味。

　　其实泰国生面本地亦有售，一团团，很小，包裹在透明塑料袋内，放入冷藏柜中，才不会干掉。

　　"没办法，"厨师说，"老板不肯买。"

　　"对了，我记得你的炒饭做得不错。"我说。

　　那师傅高兴至极点，即刻冲进厨房替我炒出一碟，饭一粒粒被蛋包着，配料丰富，加的虾膏又够，真是一流。

　　"味道很好。"我看到老板娘时说。

　　"唉，"她感叹一声，"可惜就是电话来个不停，样子可爱，很多女的来找他。"

"好吃就是，管他那么多！"我回应。

中国籍的老板娘有点不以为然。

泰国人的道德观念，与我们的有异，对男女之间的关系很直率，喜欢就来。在乡下生活时，也许有些父老会加以批评，不敢放肆，来到了香港，孤男寡女，说干就干，我们应该尊重才是。以中国人的水平来看他们，就等于我们心中要吃的不是泰国菜。

不吃正宗泰国菜，请他们的师傅来干什么？不如叫本地人学了，烧出一些不三不四的道德面算了。

九龙城皇帝

一大早，约好了岳华、恬妮、嘟宝一家，和曾江、焦姣夫妇到九龙城街市三楼的熟食中心吃饭。先到肉台，买好了"惊喜"，再去鱼饭店"元合"，看见有什么要什么，鲨鱼很肥美，买了四大片，也没忘记来一瓶普宁豆酱，冷鱼一点豆酱就不腥，配合得极佳，又买了十个潮州粉果。

这家店还做萝卜糕，萝卜下得十足，糕又软熟，非常出色。看到了芋头卷，是芋丝磨成的长条，蒸了再炸的，从前没有吃过。

"买两条吧，一定吃得完。"女店员说。

"好，好。"我点头。

"不知道好不好吃，为什么要听她的？"老板娘笑着问我。

"先相信她，"我说，"吃过后觉得不行，下次就不听她的话。"

乐融融，上了三楼。与八点半钟先到的杨先生夫妇吃了一轮，到了九点，岳华他们才抵步，可以拿出"惊喜"来了。

"惊喜"是四粒猪腰、半斤猪润，到粥档去，请老板煲出一大锅的及第粥来，用的是个面盆式的大铁锅，怎么吃也吃不完。

"打包吗？"岳华问。

"不如留给熟食档的人吃吧。"我说。

"要是他们也吃不完呢？"小女儿嘟宝问。

"那么留给虫虫蚁蚁吃。"我微笑。

"这才是照顾众生。"恬妮说。

"蔡澜是这一区的名人。"曾江向岳华说。

我谦虚："不算名人，只能说是个熟客。真正的九龙城皇帝是周润发。"

曾江点头："周润发那小子也真是的，每一家买熟的都拍照片送给人。记性又好，见到了问长问短，连人家家里的祖母也记得。有时候散步来，有时候骑脚踏车来，一点架子也没有，的确是个英明的皇帝。"

"九龙城皇帝万岁。"大家举杯。

吃蛇

好奇心的主使之下，也曾经吃过蛇肉。

最普通的是所谓的蛇羹，有些白白的丝，大家都说这就是蛇肉。吃起来像鸡，呱呱叫叫说："简直是鸡嘛！"

友人一听："哦，那么那些一条条赤色的才是蛇肉。"

咬进口，他妈的，是木耳丝。

蛇羹吃不到蛇，一般街边三四十块一碗的的确如此。大师傅烹调，卖上千元一大锅的蛇羹，也是做得不像有蛇。这才是蛇羹的精华！他说："看到蛇，贵宾都怕了，才不敢吃。"

凡是糊涂的菜我都不喜欢，所以对羹都没好感。吃蛇羹主要是"玩"，有菊花和柚叶丝，下一大堆，搅个不停，等羹中芡粉沉淀露出清汤时喝一口，倒是很鲜甜。

"你要吃到真正的蛇肉，跟我来！"洪金宝带我去见中山友人王震，他请我去一家专门卖蛇的，当晚特地为我准备了一条十二呎长的饭铲头，五六个厨师抱，将蛇头一刀剁下。

流出来的血用啤酒jar装，至少有三四jar，让我喝的混有鸡蛋般大的蛇胆，说喝了明目，两翼发发有声，今晚一定不得了。

至于蛇肉，足足有大人小腿那般大，斩成一块块，油炸了上桌，用手抓，吃馒头那般啃嚼啃嚼。

"还吃不出是蛇？"洪金宝问。

好吃吗？我觉得像鸡肉。鸡肉随时买到，每天练习，做出变化多端的菜来；那么厚的蛇肉难找，做来做去，不过是炸炒炆那几道板斧。吃来干什么？

虽说蛇咬人，但你不走进森林惹它，蛇才懒得理你。我从此再也不吃蛇肉。蛇胆明目？何来那么多蛇胆，在什么什么蛇王卖的，多数是鸡胆伪装，我的老花并未因此医好。要蛇血的发发声，不如去吃颗伟哥吧！

飞机餐

至今为止，搭飞机，还是不肯吃飞机餐。

短途的四个钟左右，上机之前先将自己喂饱；长途十二个钟以上，带几个杯面，想吃就吃，不麻烦人家。

但航空公司总在起飞之前把人数算好，几个人吃几份东西，一定不会因为客满而吃不到飞机餐的。如果你不吃，这是你放弃了权利，那份原本准备的食物，抵达后也不给别人吃，就那么拿去丢掉了。

我不知道飞机公司扔了多少，每次都看到许多客人患有高空厌食症，不吃的不止我一个。一家公司一次飞行算它扔十个好了。每天几百班航机就要扔几千个，世界上那么多航空公司，当成垃圾的，何止上万？

还有那些红白酒呢？每次都要开几十瓶，但像我们那一辈喝酒的人已不多，当今的计算机怪都是一滴不沾的，开过的酒，在飞机还没有降落目的地之前就要全部倒掉。这是国际航空组织的规定，奈何？

经济不景气的今天，一切都在缩减。节省头等舱或商务舱起不了作用，应该给予最好的服务，浪费与否不是一个问题，到底人家是付了那么多的钱。座位最多，利润最大还是经济舱，但因旅行的人少了，航空公司互相杀价来接待团体客，更是需要俭省。

订座的时候，问一声要不要吃餐，不可以吗？不说能够减多少钱给你，一说就知道飞机餐的价钱了。但可以送些少礼物作为鼓励呀！省下来的钱，捐给联合国儿童基金会，那是多好的一件事！

既然是填饱了肚皮算数，那么西餐和"麦当劳"合作，中餐由"大家乐"等快餐集团供应，总比挨那劳什子的经济飞机餐好，你说是不是？

华宋饮食

新界好友佳哥，带我去参观万鲤旅馆之后，便驱车到樟木头去吃午饭。

原来从落马洲前往，到皇岗只要三分钟，佳哥的好友莫先生有一辆直通房车，一下子过了关，不必受排队之苦。再行四十五分钟的车，抵达东莞樟木头。

原来一直在电视上卖房地产广告的樟木头就在这儿，到处见高楼大厦。

在石龙维多利大厦二一二号，石龙加油站对面，开有一家叫"华宋饮食"的，就是我们特地来到的目的地。

卖的是什么呢？我很高兴不是什么奇珍异兽，也非蛇虫鼠蚁，只是简简单单的客家菜。樟木头住的客家人多，客家菜一定做得很精彩。问有没有红糟盐焗之类的典型菜式，老板兼大师傅的蔡伟华先生摇摇头："我们卖的，是父亲教落那几样家庭罢了。"

好个家庭！先上一碗鸡汤，一看汤渣，像山一般高，仔细研究内容：原来是先将一把胡椒塞进走地鸡的肚中，其中三分之一的胡椒粒要舂碎，三分之二原粒，再把整只鸡塞进一个猪肚之中，就那么炖它四个小时，其他配料一概不加。猪肚胡椒汤本来是潮州名菜，和酸菜一起煲的，客家猪肚汤用了一只鸡来代替酸菜，又是另一派。有了鸡，当然比没有鸡更甜美了。

再下来是蒸山瑞。野生的山瑞切成小块，放在荷叶上蒸，也不加其他配料，蒸个四分钟已能上桌，清甜到极点。

越简单越是上乘，烹调的道理就是朴实。不过话得说回来，用料却要最原始的才做得到。拿饲料养的鸡或冰冻山瑞，神仙也变不出花样来。

极品

到"镛记"去，和老板甘健成兄聊天，是一大乐事。健成兄喜欢喝威士忌，我也是威士忌党，两人一干就一瓶。因为"镛记"以卖烧鹅出名，由大排档开始，到现在自己拥有一座大厦，健成兄念念不忘肥鹅，喝的威士忌是以鹅为标记，他亲热地叫为"雀仔牌"。

店里供应的山珍海味，是一般客人吃的，我们两人下酒的，却是一碟腐乳，两小块，一人一方格，慢慢欣赏。能把腐乳做得不咸，是很深的学问。

用筷子夹了一点点，整方东西的二十分之一左右，放进口中。呀！是那么香，那么滑，堪称天下极品。一小口腐乳，一大口威士忌，你说一大瓶，不一下子就喝完吗？

再来一块吧，心中那么想，但说不出口。这块腐乳是甘老先生专用的。健成兄的父亲八九十岁，还很健康，穿唐衫裤，你到店里去，还能见他老人家在巡场。

有位老师傅是甘老先生的好友，特别为他做了腐乳，一次也不过是一小瓶。健成兄偷偷地拿出来宴客，我还能忍心要多一块吗？

大家听闻有那么神奇的东西，再三向健成兄暗示要试试看，他宁愿拿鲍参肚翅出来请人。再不然，送礼云子，也没献出腐乳来。 礼云子是小蟛蜞的膏。蟛蜞为宁波人和潮州人用来下粥的，只有一个铜板大小，取出其膏集合而成，够名贵吧！

礼云子能以人力物力取之；那方腐乳，则非艺术家制成不可，货稀物少，又是甘老先生所爱。人家常说从小孩子手中抢糖吃，这还情有可原。从老人家手中抢糖吃？罪过罪过，绝不可恕。

烧鹅

和甘健成兄喝威士忌，也不是每次都以名贵的腐乳送酒。其实，有一块普通的炸豆腐，也足够了。在街市买的方形豆腐，大师傅炸完之后切成九小块，皮酥香，肉软滑，确是美味。一碟要卖六十多块，都是功夫钱。有一次来了一个旧金山客人，一吃就吃了四碟，算起来是一笔大数目，心痛死人。哈，说笑罢了，怎么吃也吃不穷我。

再不然，最普通最普通的那碟皮蛋，已接近完美。"镛记"的皮蛋永远保持糖心，有什么秘密？甘健成兄很坦白，轻描淡写地说："皮蛋腌制后第二十六天最好吃，我们天天做，每一个第二十六天就拿出来，仅此而已。"还不简单？但是别处的皮蛋哪会算得那么准？早吃了带黄，看了也怕怕；迟吃了实心，不可能保持像"镛记"的状态。

喝完酒，肚子有点空间的话，健成兄就来一客太子捞面请我。当他父亲主掌店铺时，健成兄还是小子一名。老板的儿子，就被人叫为太子，他做的捞面，以此得名。上桌时一看，就是那么一团，什么佐料都没有。学问可大了，原来是用整只刚烤好的鹅切开时流出的油来捞。这碟，菜单上没有，但是你向侍者要，也能吃到。

赞美了"镛记"那么多，好些朋友吃了店里的烧鹅，都抱怨说："也许是为你特别做的，我们去吃，也没什么特别，这家店的水平已是低落！"

每次听到这种话，我一定为"镛记"辩护。先得由了解鹅开始：鹅一年之中，只有清明和重阳前后的一个月才好吃，其他时间都没那么好吃。到处都一样，怎能怪"镛记"呢？

恭和堂

　　香港人对龟苓膏有一种不可置疑的迷信，认为它在养颜护肤、医治暗疮、调理肠胃和清热解毒上有一定的疗效。这几种功能让男女老少都开心，龟苓膏的生意永不衰退，而做得最久最好的，就是这家"恭和堂"了。

　　据说龟苓膏本来是清朝之宫廷药方，清末年间一位名为严绮文的太医告老还乡，并将龟苓膏单方传给当地农民作为消暑之用，从此流传于民间。"恭和堂"就是这位名医的后人严永昌于九十多年前创立的，传到今天，由后代的严国雄先生主理业务。

　　国雄兄和朱旭华先生的大儿子彼得是多年同学，而朱旭华先生一家和我关系密切，有了这个交情，我一想起朱先生或龟苓膏，一定跑到九龙城狮子石道七十九号的店吃一碗。说也奇怪，别的地方的龟苓膏吃了总有一阵腥味，只有这家没有，而且药味香浓，幼滑可口，不像一般的淡若凉粉，似吃甜品多过吃药。

　　龟苓膏不是一种马上见效的东西，我也从来没证实过它的治病功能。感到好吃，倒是最重要的。"恭和堂"的龟苓膏的确好吃，当严国雄要我替他写一幅字时，我就直接用"以美味健身"几个字书上。

当今这家店在油麻地、铜锣湾、旺角、红磡、尖沙咀、将军澳等地都开了分店，远至荃湾也有，更在机场中新开了两家。

近年来日本游客也对龟苓膏产生很大的兴趣，不但是老人，年轻女孩子都喜欢，她们不会发"龟苓膏"这三个字的音，只叫它为 kame jeli。前者是龟的意思，后者则由啫喱（jelly）的洋文译之，许多日本人因它而来。

龟苓膏在无形之中，帮助了香港旅游业的增长，功不可没。

冻

忽然，对吃燕菜糕大感兴趣。香港人的传统做法是把燕菜加糖煮了，再打一个蛋花在里面，蛋花沉于杯底，上面凝成透明的啫喱状。吃起来无甚味道，口感却是十分好的，尤其在炎热的天气下，来一杯冰冻的燕菜蛋花糕，愈吃愈过瘾。我们南洋的小孩子，也有一种用红颜色染成的燕菜。分两层，上面是雪白的，只有整块糕的五分之一厚，沟椰浆制成。通常是用一个大圆盘，把燕菜放在里面，做成后切成一块块长方形，卖得很便宜。燕菜是一种很神奇的东西，可在杂货店中买到，作条状，买个两三块钱，用滚水煮溶，结块后成透明的，就这么吃，样子难看，也无味。

昨夜在黄埔的"老香港"店中也看到燕菜糕，加了玉米，即刻来一块；又经过九龙城的豆腐店，也售此物，六块钱一杯，忍不住又吃起来。做咸点，一般用的是"鱼胶粉"，也能在杂货店买到，但是分量很难控制。一瓶鱼胶粉，用得少了水汪汪，多了又太硬，但是失败了一两次后便能掌握。猪脚冻多加鱼胶粉，猪脚有筋，富胶质，本身熬过后也能结冻，所以鱼胶粉分量不必下太多。潮州人做的鳟鱼冻，也加一点鱼胶粉，但是都要放入冰箱才凝成。

燕菜，又叫大燕，不必冷藏也成冻，建议用鱼胶粉加燕菜，效果更佳。日前去一家北方馆子，有鸭舌冻吃。鸭舌是美味，但吃起来甚麻烦，这家店把鸭舌的软骨拆了，剁碎结冻，再切片上桌，扮相极佳，味道又好。夏天，冻是最好的前菜。以此类推，喜欢吃的东西都做成冻，甚至于残余的果汁也可以炮制，一乐也。

百花魁

小时，印象最深的是纸包的零食，火柴盒般大，画着一位仙女，捧了三粒大蟠桃，上端写"百花魁"三个字，盒的一边有"三千年开花，三千年结子"的对子，另一边写着"此果只应天上有，人间哪得几回尝"。

店里的"百花魁"包装是十二盒一包，用透明玻璃胶纸包着，双亲买的只是四盒，儿女各一。当今的卖价，还是便宜得不可再便宜。

原来此货原产于澳门，老远地运到东南亚各地，欧美的唐人街中也见到。在六七十年代的全盛时期，从内地买来原料以船运澳，船队的船可达数十艘之多，阵势惊人，可见产量之巨大。

当年所谓"凉果"的零食，广府人称之为"咸酸湿"。各类水果用盐和糖腌制，入口时味道总是酸中带甜，甜中带咸，口感却是湿湿的，最适宜在服中药后过过口，这种传统至今还是盛行。

女人爱吃这种咸酸东西，因为在她们怀孕时可解解闷气。一到头晕作呕，便以为可以用它来医治，旅行时必备。男人也爱上，吃一些打发无聊。我看电影时最喜欢买一些来吃，各种凉果像陈皮梅、嘉应子、柑橘、酸姜、飞机榄，还是首推"百花魁"。

到了八九十年代，人们吃零食的口味改变，薯仔片、巧克力、紫菜、饼干、花生等，已代替了那些黑漆漆又黏牙黐手的凉果，"百花魁"生意大不如前，数百名员工、几万平方呎厂房的规模萎缩，搬到内地去制造，当今本店留在一条四周人烟杳然的冷巷中，还挂着"百花魁"招牌。我对这个产品充满好奇，亦想捕捉一些童年的回忆。

店面两间，不算小，楼顶很高，柜台后有块残旧的金漆招牌，写着"同益"二字，每个字三尺见方，用粗壮的笔法书之，当年没有放大的技术，原字体很雄伟，是清代举人彭炳纲的笔迹。

"同益"于一九〇三年创立，已算是百年老店，当初由新会的二十四个制作凉果师傅合资，在新会竞争极大，跑到澳门来开店。大概其中的一个股东也曾读书吧，看到《镜花缘》中那回"俏宫娥戏嘲枇杷树，武太后怒贬牡丹花"，想起了群芳之首"百花魁"这个名字来，甚雅。

走进店，就闻到一股酱料的味道。"同益"除了凉果以外，还制造酱油和醋，摆在店后的数十个大醋缸，至今都成为古董。

"要是老婆的醋味像那几个缸那么大，就不得了了。"今天店主不在，几个老伙计热情地招呼我，又爱开玩笑，来这么一句。

从另一个缸中舀出酱油给我闻一闻，果然豆味比别的牌子浓。这里卖的还是以斤计算，花上几个月才制成的老抽王最贵，一斤批发价是六块，才等于几毛钱美金。其他产品还有甜酱、酸梅酱、芝麻酱、面豉酱、黑醋白醋、酸姜、藠头、茶瓜等等，数之不尽。最稀奇的还是叫为枧水的碱水，用来做粽子和制面。

店里还看到陈皮梅，我不知道"同益"有这种产品，打开一包来试试看，味道奇佳，是我吃过的所有陈皮梅之中最好的，各位不妨试试看。

但是最主要的货物"百花魁"是用什么东西做的呢？向店员问个清楚。

"真身是杏肉。"他们解释，"杏分南杏和北杏，用来制造凉果的是北杏，来自蒙古、甘肃和天津。北杏肉厚，纤维极少，吃时才不会夹入牙缝里面。"

"做法呢？"我问。

"选最好的北杏，洗干净后煮熟，混入砂糖和甘草等香料，然后放入缸中日晒。从前用天然阳光，现在用机器焙干，各有好坏，太阳控制不了，机器在室内有循环热气和抽湿功能，质量比较稳定。"

"包装也用机器？"

"不不，除了焙干之外全部用人手，我们是用一片透明塑料纸包着杏脯，再装进纸盒里。"

我打开一盒，扮相还是不佳，一团黑色东西，湿漉漉地黏在塑料纸上。

"还是从前用草纸包的，印象中比较好吃。"我说。

他们笑了："味道一百年不变，保证。卖相并不重要，人家说要改良纸盒的包装，我们死都不肯。"

"是了。"我问，"盒子上的画是谁画的？如果当年有设计奖的话，那个人一定会得到。"

"大家已经记不起了。"老伙计们说，"问了很多老前辈，都说不出是谁画的。"

和"百花魁"盒子同样大小的，有一种东西叫做"精神姜"，盒面画着一个大力士，一手握拳，另一只抓着手腕，摆着健美姿式，上身赤裸，只穿游泳裤，双腿叉开。咦，小时也看过呀，之后从未出现，中间隔了几十年，即刻怀起旧来买了一包十盒。

"吃了真的会精神吗？"我问。

伙计笑了："会不会精神我不知道，但是有很多国内的客以为是老式伟哥，拼命购买。"

蔡家蛋粥

在西班牙拍戏，连赶几个晚班，天昏地暗，不知今天是星期几。

黎明归来，肚子饿个叽里咕噜，本来想泡一包方便面充饥算数，但又觉得太对不起自己。想起小时家人所煮的粥，一阵兴奋，好好地做一餐享受享受。

吹着口哨，用第一个炉子烧了一壶开水。打开窗户，让清凉的风吹进来，顺便听听小鸟的啼叫。

由远方带来的虾米，等水一沸，便先冲去过量的盐分，倒掉，再添一碗浸出虾米的鲜味。把昨天吃剩的硬饭放进锅中，第二个炉子已热，加入虾米和鲜汁，滚它十几分钟。

这过程中，快刀切小红葱成细片，在第三个炉中以慢火加猪油煎至金黄。另将芫荽和青葱剁烂，放在一旁待备。

猪肉挑选连在排骨边的小横肌，这种肉煮久也不会变硬，而且香味十足，价钱很便宜。切片后扔进粥中，使汤中除了虾米，还有别的味道变化。豪华一点可加火腿丝，但是不能太多，否则喧宾夺主。

准备功夫已经做得完善，再下来的一切都是瞬间的事。所以态度绝对要从容，秩序按部就班，时间一秒也不可有差错。粥已滚得发泡，抓定主意，一、二、三，选两个肥鸡蛋打进去。打开鸡蛋壳原则上要用单手，往锅边一敲，食、中、拇三只手指把蛋壳撑开，等鸡蛋入锅后即扔第一个蛋壳，随着投入第二个。记住，用双手打开鸡蛋，是对鸡蛋不敬。闪电般地用勺子把鸡蛋和粥捣匀，滴进鱼露，随即撒些冬菜，加入青葱和芫荽，最后，以黑胡椒粉完成。

用小碗剩之，入口前，添几茶匙爆香的小红葱猪油。香味喷出。听到敲门声，隔壁的同事，拿着空碗排队等待，口水直流。

问老僧

煲了几天广东老火汤，有点生厌。走过九龙城侯王道"新三阳"时，抬头一看，挂着一笼笼的腌笃鲜，想起好像未尝过，我决定以此煮汤。

腌笃鲜就是笋尖干，亦叫扁尖，得和春笋一起煲。当今春笋已过，冬的还未来，见店里卖着台湾来的鲜笋，此物最甜，用来代替春笋无妨。

有了两种笋，就要有两种肉，店里卖的咸肉色粉红，多一点肥肉最佳，另外到菜市场买同样分量的五花腩。

把这四种食材过水，十分钟左右。咸肉和腌笃鲜都得过久一点，否则太咸，汤就没救了。

再转到沙煲煮，店里的上海人说煮个四十分钟就够，我则煲了一小时，最近牙齿常痛，待肉煮得像苏东坡做的那么柔软，才好吃，

本来，还要下些百叶结，但处理起来麻烦，我干脆用豆卜代之，亦无不可，反正我不是真正沪人，可以乱来。

煮出来的汤，鲜美到极点，就是嫌略咸了。有办法，弄一把粉丝，浸过水后扔进汤中滚，今晚不烧饭也可以吃饱了。

虽然是画蛇添足，我想，要是把江瑶柱也放进去煮又如何？第二天，即刻又试验我的腌笃鲜，发现味道又丰富了些。

第三天，又买了些活虾，等最后汤沸时放进去灼它一灼，也行。

跑去问店里的人，要是有了咸肉，再加金华火腿呢？他们摇头摆手，说万万不可，这次乖乖地听他们话，不敢再放肆了。

看到超级市场中有迷你豆卜卖，方糖般大，一口可吃数个，就买来代替大豆卜，看起来有趣得多。

古诗云："初打春雷第一声，满山新笋玉棱棱。买来配煮花猪肉，不问厨娘问老僧。"说的就是腌笃鲜吧？各位要试煮，不必问和尚，照我的方法做做，看行不行？

龙井鸡

有人老远送来最高级的清远鸡，怎么一个做法？白切、酱油、油炸，皆太普通。最好是原汁原味食之，想出一个办法，用深身锅来又蒸又焗，但家中少这件烹调器具，正在想什么地方才能找到合适的，好友陈鸿江送来了一个。一见大喜，原来是德国货 Berndes，这家厂生产的煲是铸出来的，不像一般的是压模制造，锅底和锅身厚度相同，底部受热力度不足，很易烧焦食物。Berndes 铁铸锅底层很厚，非常耐用，是一生一世不坏。又遇上《饮食男女》中的《蔡澜教室》已无存货，同事要我示范些新菜式，就以鸡为主题。

焗鸡做法最好是把禾秆草放在锅里，上面再放一片大的荷叶，把鸡放了进去，像放进鸟巢一样，再盖层荷叶蒸之。一早八点，赶到九龙城街市，问熟悉的小贩友人："哪里可以找到新鲜的荷叶？""现在已经不卖了。"他回答，"如果你早一天吩咐，我可以趁到新界进货时替你摘几叶回来。"太迟了，怪自己为什么不事先准备，到花墟去也许能找到吧？小贩摇头，说："难。"怎么办？只有随机应变，看见有人卖甘蔗，削了皮切成五吋长的，一把十条，就买了三把，再到"茗香茶庄"找到三哥，要了两明前龙井。

开始做菜，把甘蔗架在锅里，留空间，将鸡涂了橄榄油和少许盐，放在上面，再铺一层甘蔗。龙井装入玻璃水杯，滚水沏之，茶叶半开时倒在鸡上。再用淋湿的玉扣纸把锅边包好，蒸个二十分钟。熄火，再焗十分钟，大功告成。鸡色油黄中带碧绿，味道香极。同事问这菜叫什么名堂，我想也不想，冲口而出：龙井鸡。

火腿蒸蚕豆

　　这次为杂志拍煮菜示范，到九龙城街市走一趟，南货铺子外边摆的像小香蕉般大的绿色东西，原来是蚕豆。剥了皮，里面是三至四粒，浅绿色的豆，肥肥胖胖，一块钱硬币般大。豆外层还有衣，很硬，不能像花生一样连衣进食，一定要去掉。若嫌麻烦，可以买已经剥了外衣的蚕豆，但是整条的剥起来比较好玩。通常的吃法是把蚕豆连衣扔进水中，滚个十来二十分钟，捞起，待冷，剥了衣下点盐。这确是一道下酒的好菜。把盐放在滚水中也行，但是不能放糖，不然黐手，感觉不佳。蚕豆本身味淡，很适合加点糖。把蚕豆磨成糊，加糖吃也是一道可口的甜品。

　　"有没有其他吃法？"问南货店的人，许多沪菜都是由他们指导的。"炒火腿呀！"

　　我记起来，上海菜中有此一道，将火腿切粒，和蚕豆一起炒，不用其他配料。一盘碧绿的蚕豆，加上红色的火腿，扮相不错，但也太过普通，花点心思较佳。选了一块带肥膏的金华火腿，肥膏部分占整块四分之一左右。拿到厨房，先把火腿过过滚水，免得太咸，然后一片片切薄备用，再用一罐鸡汤把蚕豆煮熟，剥皮后捏一捏糖。找个碗，把火腿铺在碗底，肥肉向碗中心排，瘦肉在碗边，一片叠一片，像把扇子那么整齐，最后将蚕豆填满。铺上保鲜膜，就那么拿去蒸。碗厚，要蒸二十分钟以上才够火候，上桌时盖个薄碟，把碗翻转，再把肥肉微微掀开，露出翡翠般的蚕豆。简单的美味，你不妨试试。

蛤和鲥

又到拍烧菜照片的时间，这星期要煮些什么？多数到菜市场走一圈，就有灵感。

想起在中山喝的一道汤，就先买了些蛤蜊，广东人叫沙蚬的。回家养它一天，放一把生了锈的刀，让它们吐沙。如果你用的都是不锈钢，可把一块磨刀石置于水中代替。将蛤蜊飞水，烫它一烫，将其中剩余的杂质冲净之后，便可以放进一个沙煲中滚汤。现在是大头芥菜上市的季节，选两个肥大的，洗净。大芥菜的缝中最易藏沙泥，这一点切切注意。另外，两个大番薯，切大块。加一片姜。三种材料可以同时滚之，二三十分钟之后，就是一煲最鲜美的汤了。当然，番薯、大芥菜和蚬，都能将汤水煮得很甜，不过你如果没有信心的话，可加一点所谓的"师傅"。我说的并非味精，一下味精任何食物都变成同一个味道。我说的"师傅"是少许的冰糖。冰糖你不反对吧？对身体也不会有害。这一点点的冰糖，保证这一道汤的成功，不是太过分。

当今又是鲥鱼最肥美的季节。鲥鱼有个"时"字边，叫人非合时不食。鲥鱼，生长在富春江的最好吃，郁达夫的故乡，文章时有提起，咸淡水交界的最佳。鲥鱼一般的吃法是清蒸，或用铁板烧之，因为它的鳞可吃，后一种做法较受欢迎。我爱吃鲥鱼，但嫌它骨多，今天在菜市看到一尾五斤重的，即刻买下，起的鱼腩部分，也有两大块。先爆辣椒干、鲜辣椒和致命的指天椒，大量。三种不同颜色的辣椒，铺底。上面放块鲥鱼腩，也将鳞爆了爆，再猛火蒸它八分钟，即成。样子漂亮，味道好。吃时起了腩中的大条骨，剩下的有如广东话中所说：啖啖肉。

试吃《随园食单》

清朝才子袁枚著有《随园食单》一书，我一直想试个中味道，奈何无时光旅行器，未能偿愿。一天，忽发奇想，要求"镛记"甘老板为我重现书中佳肴。他说需时间考虑，三天之后，来电称可试菜了。

昨夜欣然赴约，甘老板先拿出食谱中记载的四小菜：熏煨肉、炸鳗、鸡丁和马兰。熏煨肉依足书上所写："先用秋油将肉煨好带汁上，木屑略熏之，不可太久，使干湿参半，香嫩异常，吴小谷广文家制之极精。""镛记"非吴家，但做出来的绝不逊色，略为改变，用茶叶和甘蔗代替木屑，更香甜。甘先生自己先试了数次，认为极有把握，大家各吃一块，拍掌叫好。

接下来有五大菜：萝卜鱼翅、红煨海参、假蟹、蒋侍郎豆腐、童子脚鱼。用最高贵的鱼翅配合最廉价的萝卜丝，并非省钱，这种构想大胆，宁愿尝此吃法。从书上看起来容易，做了才知难。萝卜丝要切得和鱼翅一般幼，一下子就折断，熟了更容易稀烂，味道又太有个性，盖过鱼翅也不行。童子脚鱼其实是山瑞，用一只和碗一般大的，壳盖起来刚好，色香味俱全。"镛记"重现得极出色，《随园食单》中的菜，并无特别令人惊叹者，平凡之中见不凡，是为特色。种类也不必太多，刚刚够饱就是。

三点心有颠不棱、裙带面和糖饼。连酱料也是《随园食单》中出现过的虾油和喇虎酱。经我要求，加了一块白腐乳，绝不是《食单》做法，出自甘健成兄的父亲的私家货，只做少量来让老先生下粥。上次写过，友人纷纷想试，甘先生答应我在举行友好团聚的"《随园食单》大食会"时，每位一块。事先声明，吃了不能再叫。

小插曲

将《随园食单》复活，在"镛记"举行"大食会"。老板甘健成兄很花工夫，之前试做了好几次才叫我品尝，果然有他的一套，每一道菜都在平凡中见功力，加入我的意见后推出。

菜单中有四小碟：炸鳗、熏煨肉、鸡丁、马兰。热菜是萝卜鱼翅、红煨海参、假蟹、蒋侍郎豆腐、童子脚鱼。甜品有颠不棱、裙带面和糖饼。每一样都依足书中记载炮制，才对得起作者袁子才，连酱料的喇虎酱和虾油也不敢苟且。但特别声明，白腐乳则是甘先生令尊叫人做的，本来货少，自己食用，但求者甚多，这次的盛会中拿出来共享罢了，书中并无提及。四小碟中的熏煨肉，是把一大块方形的猪肉红烧之后，再拿去煮和用茶叶熏烤，上桌时切成十二块，每人一方。此菜又香又滑又把油走得精光，当晚十二桌，一共四十四人，人人赞好。

我打算下次聚会，请甘先生把乳猪也用同一方法烧出来。鱼翅本非我所好，但是和萝卜丝一起煨，最便宜的东西配搭最贵的，要做得好，不容易，萝卜丝切得和鱼翅一样细，熟了不断，也是难事。最重要的还是好不好吃，好在所有客人都喊精彩。童子脚鱼是用一只迷你山瑞炖成，一人一只，虽然炖得好，但是到底有些客人不吃这一类的东西，最后"安哥"熏猪肉，再来一碟，让不吃山瑞的人也感满足。

其中一位朋友踢馆："我在《随园食单》中，怎么找也找不到颠不棱这道菜，是你们自己创造出来的吧？"好个甘老板，即刻从办公室中拿出一大沓的《随园食单》线装书，查出菜名，向这位朋友说："你看的是新版。"这是当晚最有趣的小插曲。

基础菜

"大荣华"的老板梁先生请我们一群去吃虾。乘火车到罗湖，再转包车，直奔深圳机场附近。见一片片的"水田"，耕的是基围虾。树皮搭的屋子中，已准备好两桌，最先上桌的是开边的麻虾，食指般大，用炸过的蒜茸蒸，虾头膏美，肉鲜甜。接着是白灼基围虾和炒狗虾。三虾三味，各不同。我一向对基围虾没有好感，到底比不上在海洋中游水的虾鲜甜，但是这次吃到的，说是养过，只有一代左右，肉还是够味，吃完颈部还留有比味精更甜的汁液，久久不散。台湾有一种草虾，一养几代，像一个满口美国腔的洋女，白灼后颜色艳红，有如她们丰满的身材，但一吃，却似嚼发泡胶，一点味道也没有，是天下最难啃的东西之一。

另一种菜是我从来未尝过的鱼，皮厚，肉呈褐黑色，细细长长，斩成数段炒，也很鲜美。有个古怪的名字，叫"蛇耕"。蛇是没错，那个"耕"字到底是不是这么写，就不清楚了。友人说小时候常吃，长大了再也没见过，可能是因为污染而濒临绝种。

肉类菜肴则有白烫鸭，用一个热镬把鸭烫得半焦上桌，另外有只白斩鸡，当然是主人养的走地鸡，肉略硬，但细嚼后亦口齿留香。最后是黄油蟹，好吃不在话下。

梁先生提一个背包前来，打开，原来是一小型的手提雪柜，向主人要了数只黄油蟹装进去，说要拿回香港，他的朋友在元朗有个鱼池，所养乌头最肥美，供应梁先生宴客，所以梁先生拿蟹报答。拿好东西与吾等共享，梁先生是真正的食神。这次吃到的是一顿最基础的菜，无花无巧。吃东西要懂得欣赏基础，才能毕业，等于学画的人，如果不懂得素描，一下子跳到抽象派，是死路一条。

方荣记

　　星期天，和一群好友打台湾牌，晚饭时间到了，友人家佣人放假，驱车到九龙城去找东西吃。泰国菜试了太多，下个月初又要去曼谷，想换个胃口。大家建议纷纷，最能引发食欲的，还是"方荣记"的火锅。

　　第一次是周石先生带我去，介绍了老板金毛狮王八哥给我认识，从此做了好朋友。当年还是烧炭的，抽烟时赤手拿起一块炭来点烟，是八哥的看家本领。后来改为煤气，八哥没得表演，气氛逊色了许多。原来不准用炭，是市政局规定的。像茶楼不准挂鸟笼，罪魁祸首也是他们。

　　周石先生作古，八哥也于去年逝世，更想念"方荣记"。八嫂不在，八哥的两位公子热烈招呼，人世间，就是那么循环。我们叫了一桌食物，摆也摆不下。肥牛从前是八哥一大早一档档去收集，现在这责任交了给八嫂，保持一贯的水平。牛肉入口即化，香甜无比，一点渣也不存口，一吃就是两大碟。另外有牛百叶，黑色的那种。猪肝猪腰、鱼云、鹅肠、鱼丸牛肉丸、水饺鱼皮饺、生蚝、黑豚、金菇和蔬菜，以及各种记不清楚的，最后用粉丝把甜美的汤吸了，干捞食之。配料有一大碗花椒和辣椒，最过瘾的是大蒜茸，大家都猛嚼，不怕你熏我我熏你。怎么吃也吃不完那么多东西，最后只有站吃，胃还是满满的，只有跳几下，制造多一点空位来填。

剩余食物打包，现在半夜，一面写稿，一面滚矿泉水，把所有的东西扔进去熬个稀巴烂，香味一阵阵传来，此稿就写完。快点走进厨房吧，不吃渣，只喝汤，痛快，痛快。

海南人

　　最近新加坡的一出电视剧，叫《琼园咖啡香》，其中一对演员的对白，引起当地海南人不满，大受围攻。有什么那么大不了的呢？有关的对白是："洋人大便，琼州人来扫。"琼州会馆主任即刻声明："海南人打洋工是事实，剧中可以说海南人替洋人擦鞋、当园丁，但不应该提起大便事。"认为这样的说法太俗和具有很大的污辱性。这个主任指出，洋人也不会那么无礼和不文明，大便让人来扫云云。

　　在四十多年前，也曾发生过类似事件，现在海南人挑起旧事，又重提触犯禁忌。这令我想起我们的《名采》中人严浩先生游海南岛时，发表文章，说看到海南女人站着小便，结果给天下的海南人骂个要死。海南人的团结，从这些事情看得出。人家说潮州人也团结，从前在九龙城寨内要是会说潮州话，一点问题也没有。如果拿潮州人和海南人比，还是海南人厉害。

　　海南岛我没去过，不知是怎么一个样子。只知道海南鸡饭是新加坡人发扬光大的，到过海南岛的朋友都说新加坡的鸡饭，比海南岛的更好吃，有些人甚至说当地没有鸡饭，就像扬州没有扬州炒饭，星洲没有星洲炒米一样。我只知道海南岛的东山羊很好吃，现在交通发达，许多深圳的餐厅中都能吃到东山羊。东山羊体型很小，肉很嫩，连皮吃，更是极品。海南小炒是我喜欢的。当年在新加坡中正中学读书时，跟老友唐金华和他的一群马来西亚老乡常去吃海南小炒，几个人凑钱，叫了一桌菜，也很便宜。记得有一道杂菜汤特别好吃，先将菜心和猪杂、鲜鱿和猪肉片爆香了才拿去滚汤，加几块豆腐，吃完数十年念念不忘，再去追寻旧味，已不复在。

沪菜吾爱

对上海菜的认识，来自尖沙咀宝勒巷中的"大上海"，当年尚未搬入大厦，是间地铺。侍者欧阳前来接单，我们这些熟客从不看菜牌，只打开作筷子套的那纸张，里面写着最新鲜的食材，由客人配搭。

头盘通常是肴肉或羊膏，又拼了油爆河虾和素鹅，分量很多，一大碟，如果不节制，单单吃这道东西肚子已饱。

接着来的是红烧元蹄，也是大堆头，通常是吃它围在碟边的蔬菜，肉打包回家。黄鱼两吃：肉炸成片，像大块的天妇罗混了海藻，叫苔条面拖；头尾滚雪里红汤，浮着一层黄颜色的油。

樱桃，和水果无关，是田鸡腿，有块圆形的肉，形状像樱桃，故名，油爆或烟熏皆可口。

季节性的蔬菜有草头。什么？草也能吃？就能吃。生煸草头滋味无穷，试过毕生难忘。

腌笃鲜，就是竹笋干，用来和咸肉、百叶一块儿煮汤，的确出现了鲜味。

甜品则有八宝饭，蒸的或煎的。有时也来高力豆沙或酒酿丸子。

到了蟹季，"大上海"的大闸蟹质量比不上"天香楼"，但价钱相对便宜，也很受顾客的欢迎。

这些都是大菜，至于小吃，沪菜的知识来自金巴利新街小巷中的"一品香"。

一进门，先看到架上葱烤蚕豆、酱炒田螺、萝卜丝拌海蜇、黄金熏蛋、葱麻香乌笋等等，至少有数十种，印象最深的是一排排鲜红颜色的肚腩肉，称之为"南乳肉"，切成方块，吃多少点多少。

门口的大铜锅，里面有四个格子，热腾腾地煮着油豆腐粉丝。其中有包着肉碎的腐皮，或整张都是素的的百页，以及豆卜等等。大锅子滚出来的汤，有一般家庭中煮不出的甜味。

菜式有蒜爆脆鳝、六月黄炒年糕等等，数之不尽。值得一提的是这家店做的春卷，馅中汁很多，助手徐燕华最爱吃这道菜，可惜当今吃来吃去，都没有昔时风味。

对的，上海菜给我们的教育，是大油、大咸和大甜，当今已完全地失去。

香港见不到，跑到上海，还有吗？

试过所有著名的老字号，沪菜再也不油、不咸、不甜，连臭豆腐也不臭了。那种失落的感觉，寂寞难耐。

餐厅吃不到，家里还有。教我吃上海菜的是朱旭华先生。我们同住在邵氏宿舍里，中午往他家中跑，朱先生已不亲自下厨，把沪菜功夫教给广东工人阿心姐，做出比上海更上海的沪菜来。第一道上桌的当然是烤麸了，油、咸、甜恰好，是完美的。试过之后，每逢上沪菜馆，先叫一碟四喜烤麸，就能吃出该店的水平。唉，当今的，麸是用刀子切块，已非手搣。麸这种食材，油一不够，即刻完全平庸掉，何况现在都是植物油，如嚼发泡胶。

沪菜多受宁波菜影响，宁波菜的特色也是油、咸、甜。宁波靠海，穷困的日子中，食物非咸不可，一方面不懂得保鲜，另一方面一咸起来，就可以多送几碗粥。油更是身体需要的，糖也是。现在物质一丰富，又注意起减肥来，连宁波菜也淡掉了。

想起昔时风味，唯有自己做了。"新三阳"是一家极佳的南货铺，上海菜食材齐全，连刚摘下的马兰头也有售，雪柜中卖黄泥螺、腌乌贼子、酱瓜和做甜品的糖桂花。

由天花板上挂下来的鳗鲞，是海鳗干，很大条。买回来和肥猪肉一块儿红烧，加冰糖，就能吃到记忆中的鱼鲞烤肉了。兰花豆腐干是腐皮切块，左右边各横划数刀，拉起来像个风琴，卤后味道奇佳，久居南洋的好友曾希邦兄有机会再尝一块，眼泪都流了出来。

蒸肾在这里也可以买到，很奇怪的，当年不放在冰箱里也不会坏。丁雄泉先生最爱此物，一买上百个，吃个不停。

但是当今天下的沪菜馆，极少吃到一家满意的。猪油一被植物油代替，已没话可说。葱油开洋拌面，一没有了猪油，就完蛋了。客人都怕咸，不如去吃清淡的潮州菜。年轻人说："什么？吃咸的菜，怎么中间有甜味出现？"这一来，一切的红烧都不甜了。

连蛤蜊炖蛋这一道最家常的菜，大师傅也都不会做了。来到沪菜馆看到菜单上写着，大喜，即点之。但侍者总推三推四，说今天的蛤蜊不新鲜。这都是借口，年轻厨子没吃过，怎知如何去炖？

在朱旭华先生家里吃的鱼冻，大师傅们更闻所未闻。它是将九肚鱼和雪里红煮了，放入布袋中挤出汁来再做成冻的。

别说做法，当今的食材也走了样。野生黄鱼被人吃光了，当今的都是饲养的，鲜味尽失。餐厅里所谓的椒盐小黄鱼，根本不是同种的鱼。

时代的变迁，令沪菜绝种。年轻顾客口味的转变，更使它踏上不归路。现在上海菜馆里还有花蟹、石斑等粤菜的食材，手艺怎么比得上广东师傅？

庆幸今生有口福，尝过真正的上海佳肴。沪菜吾爱，还我油来，还我咸来，还我甜来！

杭州菜

　　杭州佳肴，源自扬州，是种混合了沪菜、宁波菜的江浙料理，最正宗的分为"湖上帮"和"城里帮"两个不同的流派。

　　"湖"重视原料的活、鲜、嫩，鱼虾、甲鱼，突出原来味道，讲究刀工，口味较为清淡。代表性的有西湖醋鱼、清炖甲鱼、生爆鳝片和叫为"满台跳"的抢虾。

　　"城"以肉料为主，注重鲜咸合一，代表性的有东坡肉、咸件儿、荷叶粉蒸肉等，讲究价廉物美，刀工粗中有细。

　　老一派人，对杭州菜，印象深刻的是干炸响铃、龙井虾仁、炸脆鳝、叫化鸡等等。当今，在著名的杭州食肆，像"杭州酒家"、"楼外楼"、"太和园"、"知味观"和"岳湖楼"等，要找这些传统的菜肴，已不是易事。

　　原始的杭州菜，用的都不是什么值钱的食材。杭州餐厅受了香港料理的坏影响，纷纷卖起鲍鱼、龙虾和鱼翅等海鲜来，加上所谓的新派菜，大厨基础没打好，都去创新，弄出些不知名堂的菜来比赛。评判员又多与酒家有关系，加上自己学识少，看到一样外形奇特的就乱给分数。当今卖得比香港酒楼还要贵的，多数是这些得奖菜。

　　这次去杭州，正逢莼菜当造，请友人订座时，指定要一道西湖莼菜汤。

"哪里有刚刚摘下来的莼菜，都是装进玻璃瓶子里面的吧？"友人笑道。

听了打个冷战。到了餐厅，莼菜汤上桌，颜色虽然是绿的，但绿得不自然，似乎带着人工色素，愈看心里愈发毛，不敢去碰。

西湖醋鱼应该错不了吧？食材丰富，烹调程序也不复杂，谁都会做的地道杭州菜。我已经不要求只用三四分钟，烧得胸鳍竖起，鱼肉嫩美，带有螃蟹滋味的古法了。

侍者拿上来的西湖醋鱼，用的不是最基本的草鱼，而是用鳜鱼来代替。

这令我想起倪匡兄在旧金山吃砂锅鱼头，上桌的鱼头是红颜色的，原来是个鲑鱼的鱼头。也许旧金山找不到草鱼（广东人叫鲩鱼），还值得原谅，但是西湖里，怎么会没有草鱼呢？

"啊，客人嫌草鱼有股泥味嘛。"侍者解释，"其实鳜鱼更好，骨头也没有草鱼那么多。"混账东西，胡说八道。鳜鱼是鱼类之中，最没有个性，也最没有鱼味的鱼。早期的鳜鱼野生，还吃得下去，当今的都是人工养殖，如嚼发泡胶，再厉害的师傅，也无法令它起死回生。

可怜的草鱼，已那么贱吗？但至少它不是养出来的呀。老师傅都知道烹制前一定要饿养一两天，令肚内干净，鱼肉结实才屠宰的呀，哪来的泥味呢？

下榻的酒店，经理为了要显示师傅的功力，特地安排我们到厨房去看他做龙井虾仁。的确漂亮，鲜红的虾，加上刚从龙井采来的碧绿叶片，扮相一流。

吃进口，毫无味道。为什么？虾仁当然不是活虾剥壳，而是冰冻的。新鲜茶叶，没有焙过，弄不出茶味。炒出来的东西，虾归虾，茶归茶，二者并不混合，好看不好吃有什么用？又不是日本料理。

叫化鸡隆重登场，让客人用木棍敲开泥封，露出用玻璃纸包着的鸡，荷叶竟裹在玻璃纸外面。这鸡给玻璃纸那么一隔，荷叶起不了作用。这也不打紧，我们从前吃叫化鸡，只食鸡肚中塞的蔬菜，肉弃之。当今名菜馆做的，鸡肚内空空如也。他妈的！又要破口大骂。

罢了，罢了。这么基本的东西，没有一样弄得好。看菜谱，接下来上的菜，尽是些新派菜，把侍者叫来，点些更原始的。

"黄泥螺？啊，现在天热，怕客人吃坏肚子，不卖！"侍者说。

"来碟酱鸭舌吧，酱鸭舌总有吧？"我问。

侍者做一个怎么尽叫些便宜菜的表情，回厨房去。拿了来的鸭舌染了讨厌的红色，干瘪瘪的，像炸过多过酱过，咬了一口，全不是那么一回事，即刻放下。

"东坡肉不会做不出吧？"我又问。

"东坡肉太油了，你试试我们拿手的金牌扣肉吧！"

我知道是什么东西，是把猪肉红烧后压扁，沿边批成长条来，最后用一个上面尖、下面四方的铁模，印出金字塔形，在国际烹饪大赛中得过奖。当今所有厨子都纷纷学会，每家店都推出这个金字塔，吃起来，肉和汁并不融和，左弄右弄，给风一吹，此道菜上桌时完全不热，只能当冷盘。

"不必了，你照传统做法，给我们最普通的东坡肉好了。"我坚持。

侍者又做出一个你这家伙怎么不懂吃的表情，退了下去。

上桌的东坡肉，一块又一块，分别装进精美的小紫砂碗中，里面汁很少，肥的部分又是露在碗外，冷到僵硬。

我们吃过的东坡肉，肉几大块，一齐盛于陶砵之中，汁盖住肉，只用花雕炖之，逼出来的油，用玉扣纸吸去，里面的汤汁，是清澈的。入口香甜无比，肥的部分比瘦的好吃，一下子吞完，剩下的汁，淋在另一个陶砵蒸出来的白米饭上，不羡仙人。

又忍不住要重复一个老故事。香港的著名收藏家刘作筹先生，过身之前将字画全部捐给香港艺术馆。他一生最爱吃东坡肉，结识了也有同好的画家程十发，问他说："中国最好的东坡肉在哪里可以吃得到？"程十发说："在香港的'天香楼'。"

想吃

在国内众多杂志中，《三联生活周刊》是一本可读性颇高的读物，每周有二十至三十万的发行量。这个数目在内地来说，算是很高的了。

资料收集相当齐全，尤其是他们的特辑，像第七二一期的"寻寻觅觅的家宴味道——最想念的年货"，更是精彩。以春卷代表了二月的初一，初二是年糕，初三桂花小圆子，初四枣泥糕，初五八宝饭，初六火腿粽子，初七双浇面，初八豌豆黄，初九素馅饺子，初十腊味萝卜糕，十一干菜包，十二菜肉馄饨，十三芸豆卷，十四包子，而元宵则是汤圆，作为结束。这些食物满足了东南西北的读者，尤其是离乡别井的，一定有一种慰藉你味觉上的乡愁。

接下来，杂志详细地报导了香港的腊味、增城的年糕、顺德的鲮鱼、湖北莲藕与洪山菜薹、秃黄油、盐水鸭、天目笋干、灯影牛肉、汕尾蚝、白肉血肠、湖南腊肉、宁波鱼鲞、苏北醉蟹、叙府糟蛋、霉干菜、锡盟羊肉、香港海味、大白猪头、酱板鸭、金华火腿、天府花生、浙江泥螺、广西粽子、四川香肠、大连海参、西藏松茸、漾濞核桃、福州鱼丸、石屏豆腐、东北榛蘑、藏香猪、红龟粿、清远鸡、宣威火腿、闽南血蚶、油鸡枞、米花糖等等。

一定可以找到一些你从小吃的，如果你是中国人的话，也有更多你听都没听过的，让你感到大陆之大，自己的渺小，做三世人，也未必一一尝遍，况且还有更多的做法，因为这些，只是食材而已。

杂志有个特约撰稿人叫殳俏，她老远地从北京来到香港深入采访，更去了潮汕和很多其他地方，数据是从她多年来为这本杂志写的专题中选出来的。

《生活周刊》的记者更遍布中国各地。由他们写自己最熟悉的食材，而不去介绍什么名餐厅、大食肆，是很聪明的做法。因为不是大家都去过，也不是众人吃得起的，而食材的介绍和推荐，就没话可说了。

《舌尖上的中国》的影响，不能说没有，但文字的记载跟纪录片的影像不同，给读者留下更大的思想空间。有时，是比真正吃到的更美妙。

最有趣的是读到《秃黄油》这一篇。从名字说起，这道菜来自苏州，而苏州有些菜，极其雅致，名字却古怪，其实"秃"字就是苏州话的"忒"，特别纯粹的意思，纯粹地是蟹膏和蟹黄，用纯粹的猪网油来炮制。蟹膏要黏，也要腻，其他菜都怕这两样东西，但秃黄油非又油又腻又黏不可，用来送饭，天下美味，亏得中国人想得出来。

油腻吃过，来点蔬菜。一生人最爱吃的是豆芽和菜心，而梗是紫红颜色的菜心最甜了。菜心内地人又叫菜薹，杂志中介绍了洪山菜薹，令人向往。

菜薹是湖北人的骄傲，同纬度产地之中，也唯有湖北洪山的最清甜可口，很早就被当成贡品。流传至今的故事中，有三国的孙权母亲病中思念洪山菜薹，孙权命人种植为母解馋，故洪山菜薹亦叫孝子菜。苏东坡三次来武昌，也是为了找菜薹。我这次刚好要去武汉做推销新书的活动，已托友人找好洪山菜薹，可惜对方说已有点过时，那边土话叫"下桥"，但答应我找找有没有"漏网之菜"。

很多读者都知道我是一个"羊痴"，当然要看杂志中的介绍，看看什么地方的最是美味。单单是羊汤一例，就有苏州藏书羊、山东单县羊、四川简阳羊和内蒙古海拉尔羊这"四大羊汤"，究竟哪里的羊肉敢称天下独绝？

在内蒙古，一个叫"锡林郭勒盟"的地方，简称为"锡盟"。从烤全羊开始，住在当地多年的记者王珑锟推荐了多种吃法，反而没有提到羊汤。但不要紧，最吸引我的是他说的奶茶和羊把肉。

锡盟人的早茶可以从八点喝到十点，除了奶茶和羊把肉之外，还有炸果子、肉包子、酸奶饼，再加上佐以蒜茸辣酱的血肠、油肠和羊肚。

手把肉的做法是：白水大锅，旺火热沸，不加调料，原汁原味。煮好的手把肉乳白泛黄，骨骼挺立，鲜嫩肉条在利刃下撕扯而出，吃时尽显男儿豪迈。

奶茶则与香港人印象中的完全不一样。牧民把煮熟的手把肉存放起来，等到再吃，把羊肉削为薄片，浸泡在滚烫的奶茶之中。而奶茶是用牛奶和砖茶，就是我们喝惯的普洱，混合熬成，既可解渴，又能充饥，还帮助消化呢。

看了这篇文章之后，说什么，也要找个机会跑到锡盟去一趟了。

近年来爱上核桃，认为当成零食，没有什么比核桃更好的了。因此开始核桃夹子的收藏，每到一地必跑到餐具专门店，问说有没有什么有趣的，加上网友送的，至少已近百把了。而核桃是哪里的最好吃呢？欧洲各国都有，但水平不稳定，去了澳洲，在墨尔本的维多利亚市场找到一种，则很满意。

中国的，我一向吃邯郸的核桃，可惜运到了香港，其中掺杂了不少仁已枯竭的，剥时一发现，即不快。中国核桃，还有什么地方出产的比邯郸的更好？在《三联生活周刊》中一找，看到了有漾濞核桃这种东西，如果没有他们介绍，可真的不知道，连名字也读不出来。

那里的核桃像七成熟的白煮蛋那么细滑，果仁皮还稚嫩得像半透明的糯米糍。读文章，才知道漾濞还有一种专吃嫩核桃的猪，这可比吃果实的西班牙黑毛猪高级得多。看样子，当核桃成熟的九月，又得向云南的漾濞跑了。

十大省宴

什么是中国的八大菜系？当今已有很多人搞不清楚。记忆中的是：

粤菜，当然应该入选。南方是一个物产富庶的地方，从最贵的鲍参翅肚到最便宜的云吞面、叉烧包，粤菜影响到全国和海外的饮食。经济起飞，更令从来不用贵材料的省份做起粤菜来。到底，海鲜类才能卖得起价钱呀。

在没有海鲜的内陆，新鲜的鱼总是吸引和迷惑着人民，"欲食海中鲜，莫问腰间钱"这句老话，说明海鲜总是被大众所向往。

再下来的是苏菜和浙菜了。前者属于江苏省。长江下游，黄海之滨，向来以"江南鱼米之乡"见称。由淮阴、扬州组合成淮扬菜，再有南京、苏州和无锡，总称为苏菜了。

浙江省的美食叫浙菜，主要是指杭州菜、绍兴菜和宁波菜，佳肴无数，不胜枚举。

徽菜，又称皖菜。安徽省会是合肥，皖菜包括徽州、沿江、沿淮三种口味，但香港人也许只记得有祁门红茶，和天下第一奇山黄山。其菜有"一大三重"之称，就是芡大、重油、重色、重火了。其实它的名菜"清炖马蹄鳖"，一点也不符合一大三重，可见菜式变化多端。

川菜不必说，味道流行于中外，但并不一定以辣迷人。在省会成都的一间菜馆，可以做一筵席，十二道菜，没有一样是辣的。

湘菜是指湖南菜，湖南省会长沙。也别以为都是毛泽东嗜吃的红烧肉和辣菜，它的名菜有三百多种，洞庭湖的淡水鱼又丰富，加入古代八大菜系之中，是有它的道理。

山东的鲁菜，影响到北京菜。山东省府在济南。很奇怪的，鱼的内脏一概不吃，但是猪的，从头吃到尾，最具代表性的"九转大肠"，各家做法不同，但都有水平。小吃更以山东大包和炸酱面见称。地位摆在八大菜系之尾。

"什么？"友人问，"福建的闽菜也是八大菜之一？"是的，很多人不知道，福建菜还排在第二位呢。福建省会福州，福建古名"八闽"，故福建菜以闽菜为名。当今香港人只知道厦门，其实厦门、漳州和泉州等地叫为闽南；而福州、武夷山等叫为闽东。福建人吃的多以海鲜为主，内陆人最为珍重，故闽菜不但列入八大菜系，而且是继粤菜之后，排名第二位的。

重复一次，从前的中国八大菜系，是广东省的粤菜、福建省的闽菜、江苏省的苏菜、浙江省的浙菜、安徽省的徽菜、四川省的川菜、湖南省的湘菜和山东省的鲁菜。

但这八大菜系是在清朝定下的，距离当今时间甚久，也应该重新估计。像一个广东省，已占地甚广，可以分出三大菜系来，那就是广州、潮州和东江，东江菜指的是客家菜，而且珠江三角洲各地的菜已各有名堂，再分就更细了。

好吃的菜，都集中于大都市，像近河北的首都北京，是不是也应该分出京菜来呢？天津也近河北，津菜又如何？

上海邻近江苏，但沪菜已那么出名，亦可成为一大菜系。

而淮扬菜应不应从江苏菜分出来呢？南京在江苏，苏州也在江苏，从前叫为京苏大菜，是否可各自排列在大菜菜系之中？

近河北的有北京和天津，那么河南省的人说我们的豫菜也不错呀，就河北出名，邻省的河南就那么差吗？为什么豫菜不能加入？

湖南出了毛泽东，湘菜更出名了，那邻省的湖北呢？鄂菜不输给人呀。这时云南省也加入讨论，滇菜的确有独特的风味。广东省的邻居广西的桂菜呢？甘肃省的陇菜呢？

还有我们的古都西安，陕西省的秦菜，可别忘记。

东北各省都有好菜。喜欢吃羊的话，我们岂能漏掉西藏、新疆和内蒙古？

若以菜系记之，也许会混乱，搞出旧八大，新八大的十六大来。我想，还是以省份排列吧，把各大名菜归入各省份去，叫它省宴，也许较为恰当。

广东省的省宴，把潮州和客家菜都列入。福建省的，闽南厦门、漳州和泉州，以及闽东的福州和武夷山菜，也都是福建省宴。

江苏省宴包括了苏州、扬州、无锡和南京的菜，甚至可以硬生生地把上海的沪菜也加了进去。

浙江省宴有杭州菜和宁波菜作为代表。

安徽省的省宴在省会合肥举行。四川省的，委屈了重庆人，也并之。

湖北菜一向受湖南菜影响，对前者不公平，也只选湘菜作为省宴，湖北菜落选。

山东菜当然列入。

新省宴应该有陕西的秦菜，很可惜不能选中云南省、贵州省和广西。

这样，取代八大菜系的是十大省宴：一、广东；二、福建；三、江苏；四、浙江；五、安徽；六、四川；七、湖南；八、山东；九、陕西；十、台湾。

香港并不是一个省份，不能列入，但香港菜已侵入内地民间，它的鲍参翅肚乃至茶餐厅，已无处不在，就别和其他省份争名衔了。

绝灭中国饮食文化的罪魁祸首

从福建回来，最失望的是没有吃到真正的福建炒面和薄饼。这两种最地道的小吃，反而在台湾和南洋一带保存着，福建当地只有在家庭中才做得好，为什么呢？

"炒面和薄饼能卖得了几个钱？"当地友人说，"大餐厅里做这种东西，早就执笠。"

"小贩摊中也吃不到呀！"我抱怨。

"都流行卖美式快餐和台式珍珠奶茶了，当地人并不欣赏当地食物，认为老土。"他说。

同样的经验，在山东也试过。在山东再也吃不到像鞋子那么大的山东大包，说什么现在的人胃口没那么大，大包都缩小了。也没见过炸酱面，真正的炸酱面的酱黑漆漆，当今的人说看了怕怕。

到了江南，所有的菜都不正宗。

"让我吃一顿真正的上海菜吧！"我说。

"老上海菜有什么好吃？"港人朋友说，"又油又咸又甜。"

"我就要吃大油、大咸、大甜的！"我抗议。

友人瞪了我一眼，再不搭腔。

绝灭中国菜的罪魁祸首，第一个就是当今的人注意的"健康"。怕油怕咸怕甜，这不敢叫那不敢吃，精神就出毛病。而精神上的毛病，往往引起肉体上的毛病。现代人的毛病，是医不好的。

"当年的人吃猪油，是因为他们营养不够，所以吃了也不要紧，现在不同了嘛。"内地的人说。

有钱就怕肥，当今的趋向是开健身院吃减肥药了。中国经济增长每年七八个巴仙，是世界各地的人羡慕不已的。在广东，酒楼生意滔滔，挤满了客人，这种现象在香港只有九七以前看得到。

人民的钱哪里来的？有很多人问这个问题。国家统计局所做的公开报告是这样的：我国富人主要有九个来源：一是企业承包制，一批敢于承担风险的人走上"先富起来"的道路；二是国家落实各项政策而得到补偿金的一批人；三是因国家鼓励私人经济发展而走"下海"的人。四是国家实行生产、生活数据和贷款价格的"双轨创"，特殊群体因而享用了价差带来的九千亿财富。五是最早涉足证券市场的人。六是房地产投资人。七是倒卖各种出口配额的人。八是影视、体育明星和作家。九是科学技术成果获益者。

为什么只有九项而不凑成十呢？当然有贪官污吏。这些人吃自己也好，开公款也好，总之到了餐厅就是吃、吃、吃。来最贵，但不一定最好的。

所以香港菜就成为罪魁祸首第二了。香港人领先吃鲍参肚翅，又有游水海鲜，都是贵东西，才有钱赚。各省餐厅，不管是卖什么当地菜，一进门就看到一大列水箱，里面养着龙虾和各类石斑。前者来自澳洲，后者来自菲律宾。我组织旅行团去尝地道美食，客人看到了龙虾、石斑，心中一定问我为什么不给他们叫。但是这种内地人的新玩意儿，做得哪有香港师傅那么好？价钱又比香港贵，吃了还妈妈声呢。

但招呼生意对手、拉关系，没有生猛海鲜就是不给面子。有一次去北京，给当地官员请去一家所谓的港式海鲜馆，那几条鱼翅漂在汤上游泳，稀巴烂的燕窝、炒得过老的龙虾，一埋单六万多人民币一桌，主人面不改色。

也不完全是贵的，粤菜的清蒸和点心类，的确比当地肥腻腻的东西清新得多。我去河南郑州，抵达时已是深夜，要吃点当地小食，招待我们的人说只有港式饮茶。我不相信，结果找遍全市，还真的只是港式饮茶，只有罢吃。

粤菜影响了整个国家，消灭了各地地道的大餐小食，是最令人痛心的事。内地饮食文化在"文革"时有个断层，已是致命伤，再经过港式餐饮的影响，当今一塌糊涂。

没有了救药吗？也不是。古人说，会吃，也要有三代的背景。也许日后又有新局面，希望我能见到。

"我真想开个餐馆，卖我母亲做给我吃的菜，你说行吗？"福建友人问我。

我大力支持："从小做起，不要太大，慢慢扩张好了，我会来替你免费宣传。"

地道食物还是精彩的，只要有多少肉煲多少汤就是。生意一好就兑水，那一定失败。当今许多大餐厅就是实实在在做起来的，像杭州的"老张记"就是一个例子，当年上海人看死杭州菜，岂知他们做得又好又便宜，就那么平步青云。

香港人最灵活，把菜式复古，一定做得下去，毕竟是好吃嘛，比起那些莫名其妙的快餐和豪华奢侈的鲍参肚翅。

我再三地呼吁，在保护濒临绝种的动物之余，也要保护濒临绝种的好菜。香港可以成为罪魁祸首，也可以成为怀旧食物的堡垒。我们有几代的美食根基，也经过经济低迷的风浪，现在是我们带它走怀旧菜道路的时候了。

咖喱鱼头

咖喱约有数百种煮法吧。热带国家少不了这一味。正宗的应该是印度咖喱，咖喱鱼头最为特出。

印度人为什么吃咖喱？这个问题我从小就想问。"印度人为什么吃咖喱？那中国人为什么吃什锦炒面呢？你问来干什么？"让人抢白了数次之后我沉默下去。

来到了印度本土，又忍不住问当地人，也得不到聪明的回复。一天，在加尔各答挤火车，忽然又问身旁的一个中学生，他把眼镜在鼻梁一挤，回道："咖喱的各种香料，最原始的时候是用来防腐。印度天热，从前没有发明冰箱——就算今日也不是大众都买得起——食物不能耐久。农民一早做的菜要吃一整天，所以香料和浮在上面的那一层油，都是用来保肉类和蔬菜的新鲜。"我终于得到知识性的答案。

新加坡这个地方除中国传统，受英国、马来和印度文化的影响极深。食物也是文化。在旧马场附近有多家专卖咖喱鱼头的店铺，侍者前来，在桌上铺了一大片香蕉叶子，接着将煮得香喷喷的二斤重的大鱼头摆在叶上，材料多是用红鲷和青衣。

吃这道菜用刀叉或筷子便没有味道，一定要运动手指。先将鱼的两颊那两小块最柔嫩的肉吃了，再慢慢拆碎，吸头中的软骨。

单是一味鱼太单调，咖喱汁还将一种叫牛角豆的蔬菜熬得软熟。此豆连皮吃下，黏黏带丝，中间有胡椒粒大小的种子，用牙尖咬破，波的一声，流出甜汁来，比吃鲑鱼卵粒还过瘾。它的颜色碧绿，状似辣椒，八角形，约三吋长，英文俗名极美，称之为"淑女的手指"。

咖喱汁中香料的配搭是大师傅的秘密。你们都能烧咖喱鱼头，但总没有他煮得好吃。有些朋友说有个中国人的咖喱，比印度厨子还要好，我不敢苟同。大概是他把中国口味也当香料加进去吧？

不过，不管是中国人煮的，还是印度人烧的咖喱鱼头，当双亲将它冻结后老远带到香港回锅时，都是有钱也买不着的美味。

海南鸡饭

从来没有在香港吃过一顿纯正的海南鸡饭。

先别说鸡肉坚韧与否，饭是不是香甜，总之，一看酱油就不是味道——这里用的竟是生抽。

就算好一点的鸡饭店，也不过是用香菇老抽一类酱油，而非新加坡"瑞记鸡饭"的那独特的、又浓又黏又苦又甜又甘又香又有焦味的那一种。

鸡饭是最简单的一种大众食品。

它主要的是一碟白切鸡、一碗饭和一碗清汤。

但是这里面学问可大了。鸡是自己农场养的，不合格者被淘汰，而所挑选的尽是最肥而又最嫩的。把鸡灼热，程度刚好是包在肉中的骨内带血红，而吸吮鸡骨髓时又不觉腥味，是最完美。鸡皮被烫得爽口而不带油，肉入口而化，对鸡肉的烹饪已是致最高敬意。跟着是内脏：鸡肝、心、肠是主要部分，吃起来必要绝对地像肉，而不被食者认为在吃肮脏部分，这才是最高境界。

白灼鸡剩下的汤拿去蒸饭。选上等米，煮出来的饭圆圆胖胖的一颗颗像珍珠，香喷喷的可以当菜下酒。

蘸肉的配料，除了酱油之外，要另配一罐姜泥，它不但可以辟除动物的味道，还刺激食欲。再来一罐辣椒酱，酱中含有白醋和大蒜，更加能开胃。

那碗清汤是熬鸡骨而成，也可能加入猪骨煎熬，滚沸之前加入高丽菜丝，上桌时再撒天津冬菜。一片清淡，可是滋味复杂。

到新加坡时，当地友人都说"瑞记"已建成大楼，水平大不如前，介绍我到其他小摊子去吃，但是我还是怀念"瑞记"的鸡饭。因为，尽管它不保持固有的水平，但我们吃东西，怀旧的感情是不能忽略的。

奇怪得很，问去过海南岛的人有没有吃过地道的鸡饭，大家都摇头。可能海南岛没有鸡饭，就像扬州没有炒饭一样。

鸡饭酱油

这次去新加坡，有一个任务，那就是带一些酱油返港。

美食家Annabel Jackson要在外国记者俱乐部举行一个关于海南的讨论，要我参加。

"没有真正的酱油，怎么示范？"我问。

"那你就替我找来吧。"她说得容易，香港何处买？刚好乘这个机会由海南鸡饭发源地取得。

大家以为海南鸡饭出自海南岛，我去了才知道那里没有真正的鸡饭，更无真正香浓的酱油了。鸡饭，是海南老乡来到新加坡，想起他们小时吃的东西，根据他们的理想创造出来的，与海南岛无关。

最地道的新加坡海南鸡饭馆子叫"瑞记"，老板因儿子骑摩托车出事丧生，已没兴趣做下去，旧址所在那条街上开了一家"新瑞记"，味道不一样，与老的无关。

当今整个城市做得最像样的只剩下Purvis Street 的老店"逸群"，每次去新加坡，必上门。

一早到了，见老板亲自出来开店，我向他要："请您卖一小瓶酱油给我。"

"都是一桶桶从工场直接运来的，分开装在酱油壶里，只摆在餐桌上，不卖的。"

忽然，从他蒙眬的眼中认出了我，展开笑容："送给你，可以。"

自从"瑞记"多年前关门后，我就一直关顾"逸群"，在专栏中也多加介绍，朋友一问起，我这个老牧童也遥指着它。

老板从柜子中拿出一桶，乖乖，不得了，至少有五公斤，塞在我手上。

真正的海南酱油制作艰难，都是日晒后由壶底取出，与一般的加面粉和糖的死甜不同，这份厚礼，怎么说也不能白收。

我坚持付钱，老板固执不许，推来推去，像君子国民。最后，拗不过他，珍重地当成手提行李，拿上飞机。大恩容后再报。

炸金鲤

数年前，我们三兄弟一块儿飞印度尼西亚游玩。抵达后直赴一个小公园，园中有个大湖，岸边搭着十数个以椰树叶为屋顶的凉亭。印度尼西亚地广，这小公园便是一家卖鱼的餐厅。客人可在亭中垂钓，捕获自己的午餐。但当地人怕被晒黑，都躲进有冷气的大餐室去。我们当然不肯放过大自然，赤足走入铺了草席的凉亭，围绕着小矮桌，坐在地上。

留着长发，皮肤浅黝，牙齿皓白的少女前来侍候，她不管我们要什么，先呈上啤酒。口渴死了，我们三人互敬，连干十几大瓶。侍女看着不同型的我们三个，一面倒酒一面吃笑，用当地话说不相信三人是兄弟。

略有醉意。她引我们到一小池塘，看到里面有百多条鲤鱼，少数是常见的全黑，多为金、红、白，或三色混合。天！这种在东京百货公司卖几十万日币一条的金鲤，竟在这里当普通的食物。虽然没有焚琴煮鹤那么严重，但总觉吃了可惜，这么美的东西。可是这里除了鱼便没有其他菜式，唯有各选一条。兄弟再去亭中饮酒，和侍女调情，我跑到厨房去见识见识。只见中间有个大锅，滚着油，大师傅把我们的三条鱼抓起，洗也不洗，肚也不劏，就那么活生生地扔进油锅，眨眼间用木盖封住，鲤鱼在锅中大跳，师傅死命按。再动一会儿，鱼就沉默了下来。

炸后捞起，风冷之，又回锅返炸。这么高的温度，什么细菌都炸死，怪不得不用净洁。这种烹调法又原始又复杂，我是指回锅那下散手。侍女把香喷喷的三条金鲤送到亭中桌上。另外给我们每人一个石臼，还有一大盘指天椒、芫荽、大蒜、小红葱、虾米、虾膏和各种香料。我们各自用小春头将配料捣碎。

最后把青柠汁挤在鱼上，撕其肉蘸酱吃下，又酸又辣，胃被惊醒。只消一阵子，整条两斤重的大鱼便吃个干干净净，连骨头都吞下。满身大汗，动弹不得。这时凉风吹来，躺在席上，闻到草的幽香，呼呼入睡，做个翡翠龙虾当晚餐的梦。

闷局

泰国菜馆愈来愈多，菜式吃来吃去都是咖喱螃蟹、炸鱼饼、烧猪颈肉、蒸乌头、烤鸡等等，已无新意，吃出个闷局来。

最近有些新的，以皇帝菜招徕顾客，看照片上的什么鲜虾炒饭、椰香炒大虾等，与一般的味道差不多，已不想去试了。真的那么简单吗？非也非也。泰国分东西南北，更有些与寮国、柬埔寨交界地区的特色料理，变化甚多。

gaeng-aom hoy-khom是焗田螺。先用老鸡熬出汤底，加咖喱酱、香茅、青柠、咸鱼和田螺一齐去煮，真是美味。

tom sab是牛肚汤。先熬牛肉为汤底，加胡椒、南姜、干葱和鱼露去煮羊肚，不逊印度尼西亚人做的牛肚汤。

laad ped是辣鸭。把鸭肉和内脏蒸熟。鸭肉有些切片，有些剁碎，揉上辣椒粉、咸鱼酱即成，最后把猪皮切丝撒在上面当为点缀，又插上薄荷叶，色香味俱全。

sai grog i-san是猪肚汤，将猪肚洗净，剁碎，另炊糯米，猪肠洗净备用，猪肚碎和糯米中混入芫荽根、大蒜、黑胡椒、鱼露等，搅匀，塞进猪肠中，成为小圆球状，打一个结，以此类推，做成十几粒，下油炸之，即成。样子非常可爱，味道也美。

愈想愈多，吃过的精彩泰餐数之不尽。

还有一种变化，那就是潮州粥了。潮州文化在泰国保留着，一个摊档中有数十种菜肴，都是预先煮好，客人要了可以凉食或加热。泰国人喜辣，以辣椒酱加工，比香港的打冷有趣，开一家这种粥店，必有生意。

另外是小炒，虽然以中式菜为主，但采用泰国食材，如他们的咸鱼、腊肠和野菜，当今在杂货铺中轻易找到。聘请个师傅开家小店，现叫现炒，也是生财之道，何必人家卖什么学什么，弄到生意都摊薄呢？

小贩

　　曼谷这个都市，最吸引人的地方是到处有小贩，街头巷尾，甚至江河上，随时随地可以吃到一碗可口的汤面，喝到一杯浓郁的茶。

　　政府对小贩相当地宽容，有时阻塞了交通，警告一下，小贩们就乖乖地搬到他地，双方和平共处。

　　见到一条新建的马路，翌日就要通车，但还是摆满摊担，小贩不停地做生意。

　　第二天早上经过时，好像变了另一个地方，干干净净，车辆络绎，小贩搬得无影无踪，这是其他国家绝对不可能发生的现象。

　　明天高官们来开路，今天还让你们做买卖?

　　比较起来，香港管制得严格，但还是让小贩们生存。旺角桥底下那几档水果摊政府赶过几次不走，后来干脆建几个大花圃植树种花，小贩们只好搬到横街的太平道去做生意，我们小市民照样可以买到廉价苹果。

　　最大的城市如纽约，也能在街头买到热狗来充饥，但是有些地方，像东京，就不让小贩们生存。偶尔在火车站旁还有推车的面档，但已变成像香港人力车一样的城市点缀品。

　　友人川边元叹气："一个没有小贩的都市，就像一个没有耻毛的女人！"

烹调书

泰国旅游局送了我一本烹调书，叫做*Amazing Taste of Thailand*，印刷精美，读后对泰国菜更进一步了解。我们常在餐厅吃到的，大概只有十分之一。泰菜还有数不清的做法。基本上，叫泰菜时先来小食，然后汤、沙律、主食和甜品，两人三个菜，三人四个，以此类推。分量都很小，最大的是整只鸡和鱼上桌，除此之外，泰国人喜欢将肉类切丝，从来没有过像牛扒一样整块拿出来那么野蛮。主要的调味品是香茅、辣椒、生胡椒串、柠檬叶、金不换、姜、南姜、红头和大蒜。当然，到了乡下，各师各法地把本地独特的香料加入，变成错综复杂的味觉。至于咖喱，印度、印度尼西亚、马来西亚人都把香料磨成膏酱，掺杂而成。泰国咖喱主要靠椰子酱，香料则是愈简单愈好，不太花巧。点缀很重要，把蔬菜水果雕花，是泰国人最拿手的。太繁杂的雕工也许各位不肯学习，但是至少得于摆设上下功夫。像一碟咸蛋，如果把四五只蒸了，每只切开四瓣，循环摆在碟边，中间放一片生菜叶，菜叶之中，再用一个西红柿团团转地连起来切开，重组成一朵玫瑰。这碟东西有咸蛋的黄、白，生菜的绿，西红柿的红，彩色缤纷诱人，比起连壳切半了上桌，有文化得多。下次做菜给先生吃，用这方法吧！

腌渍也是主要做法之一，在餐牌上看到了yum这个字，就是腌了。把主食，如牛肉、鱿鱼等拖一拖水，再加芫荽、香茅、柠檬叶、金不换、辣椒粉、糖、盐或鱼露腌渍一会儿就能上桌。喜欢大辣的加指天椒碎，吃素者用粉丝来代替肉，最后挤青柠汁，谁能抗拒这份酸甜苦辣，有如人生的食物？厨房中最好有个架子摆各国的烹调书，至少没有在客厅摆《大英百科全书》那么虚伪。

冰球

热天和冰，解不了缘。

印度人推着他的冰车，我们老远已经看到，把地上的石弹子拾起来放进短裤的袋子里，冲上去围绕着他。

这家伙不慌不忙，慢动作地由车后的冰箱拿出一长条沾满木屑的冰块。所谓冰箱，也不过是包着铁皮的木盒子。

冰箱下挂了个水桶，印度人拿开口的炼乳罐舀了一罐水，把冰上的木屑冲个半干净，放在一旁待用。

车上主要的道具是一只大型木屐般的刨冰器，中间有条细长的缝，小贩把一片很利的刀夹上块铁皮，再用把弯曲的小锤，将刀和铁皮塞入缝中，叮叮当当地敲了一阵。大木屐中露出发亮的刀锋，他满意地微笑。

接着他抱了那块冰，摆在刨冰器上，再把一块钉满生锈小铁钉的木板，牢牢地钳在冰顶，便大力地将冰块推前拉后，拉后推前。每一次动作，都有纤细的白雪碎掉下，印度人用左手盛住。

等到有半个手掌那么多的冰，印度人以指凿了一个小洞，放入一茶匙的甜红豆后，又继续刨，落下的冰屑将红豆遮埋。

最后的步骤最考功夫，年轻的小贩将冰屑用双手又压又按，总做不完美，但是我们这个印度人轻易把雪团抛在空中，双手接过捏几下，便是个又大又结实的冰球。

糖浆有柠檬的绿和樱桃的红两种，我们喜欢后者。印度人一面转动冰球一面浇，整个冰球染成血红。炼奶罐用铁钉钻了两个小孔，滴上黄色的乳浆，大功告成。

这个冰球要一毛钱，并不是我常有的余裕。跟我出来看热闹的邻居小女孩吞吞口水，我知道她又热又渴。

伸手进裤袋摸了老半天，掏出个五分硬币扔给印度人，他又做了一个冰球，只是，这次没有红豆，也没有炼奶。用刀子一切，冰球中心还是白色，没有沾到糖浆。我们一人一半。冰球甜，人甜，心甜。

雪糕吾爱

一般来说，甜的东西吸引不到我。就算是巧克力，也浅尝而已，但一说到雪糕，就不可抗拒了。

小时常见，一小贩推着脚踏车，车后架上装着一圆桶，停下车子，用支铁舀往里面挖，探头一看，圆桶壁上有一圈似霜雪的东西，就是最原始的雪糕了。

其实当时的，甚为粗糙，像冰多过像糕，但没有吃过其他的，也感到十分好吃。生活质量提高，开始有真正的一块块的雪糕砖，小贩切一片下来，用西方松饼夹着，就那么吃。有时，还会以薄面包代替松饼，这是亚洲人独特的吃法，他地罕见。

大公司把小贩打倒，冰室里卖起"木兰花"（Magnolia）牌子的雪糕。总公司好像在菲律宾，至今该地还是以此牌子的商品见称。当今的质素当然比从前高得多，但是不能和美国大机构的比。

后来，大家都去吃 Dreyer's，认为世上最好，但坏就坏在这个名字，太像美国人的。认为还是欧洲的好，欧洲人比美国人懂得吃嘛，便出现了Häagen-Dazs。

其实这个名字原先是取来针对 Dreyer's，产品也是美国人做的，但名字应该有多怪是多怪，欧洲姓氏中根本没有这些字，尤其是那两个a，第一个上面还有两点。

这一来，众人以为Häagen-Dazs最为高级，如果肯研究一下，Häagen-Dazs也是出于Dreyer's厂，而两个牌子，皆给更大的瑞士跨国机构"雀巢"买去股份，当今只是挂一个名字而已。

"雀巢"自己也出雪糕，像旺角卖水果的，几个摊子，属于同一老板，就连在欧洲流行的Movenpick，也是被"雀巢"拥有。

还是说回雪糕的味道吧。如果有选择，我还是爱吃软雪糕。到日本旅行，车子在休息站一停下，我一定出去买来吃。那种细腻如丝，又充满牛奶香味的软雪糕，是天仙的甜品，没有一种雪糕可以和它相比。

口味当然也有变化，看季节，水蜜桃当造时有水蜜桃软雪糕，葡萄、蜜瓜和其他的，以此类推，但都不如云呢拿好吃。所有牛奶雪糕都加了云呢拿，有些高质量的，还用真正的云呢拿豆荚，刮出种子，取其原味。一般的都是人工味的云呢拿，其实，当今的水果味，皆如此，还是吃绿茶软雪糕可靠。

也不可被日本人骗去。做软雪糕需用一个机器，愈大愈精细。看见小型的雪糕器，就别去碰了，它是用一个硬雪糕，放入机器中压出来，口感大劣。

如果没有软雪糕吃，那么只有接受硬雪糕了。说到硬，是真的硬，冻久了硬到像石头一样。每次乘飞机，飞机餐不要，只向空姐要一杯雪糕，拿来的皆为石头。

我的解决方法是要一杯热红茶，两个茶包，浸浓后，用来浇在雪糕上面，一融，吃一点，再融，再吃。

有一次到了温泉旅馆，泡后整身滚热，买来的雪糕还是那么硬，见房间里有一个蒸炉，就拿去蒸，活到老，吃到老，蒸雪糕还是第一次。

Häagen-Dazs到处设厂，有时也把版权租给当地商家，商家可以自行出不同口味的雪糕，但要得到原厂批准。日本出了一种红豆的，非常可口，还有一种叫Rich Milks，牛奶味的确其浓无比，是该牌子最佳产品，各位去了日本不可错过。

另一种好吃的叫Pino，各样口味的雪糕馅，包上一层巧克力，成粒状。小的每盒六粒，大的三十二粒，包你吃完还觉得不够。

除了这些大牌子，私家制的雪糕千变万化，日本人做的有薰衣草雪糕，吃了觉得味道像肥皂。也有墨鱼汁雪糕、酱油味雪糕、茄子的、西红柿的、鸡翼的、汉堡的……"天保山雪糕博览会"内，有一百种以上的口味。

还是限量产的雪糕好吃，每地不同，层次各异，吃完了美国雪糕就会追求意大利雪糕。和意大利人一说到ice-cream，他们说："什么叫ice-cream？我们只知道有gelato。"其实，讲来讲去，也不过是雪糕。

意大利雪糕很黏，土耳其雪糕更黏，是用一根大铁棍去"炒"的。但集各国雪糕大成的是南美诸国，像波特黎加等，雪糕简直是他们人民的命根，不可一日无此君。

尝试过自制雪糕，当今的私家制造器还是十分原始，要冻在冰格中半天才能用，制造过程也十分复杂，洗濯起来更加麻烦，还是去超市买一加仑大盒的回来吃方便。

从前的雪糕盒斤两足够，大老板"雀巢"认为成本可省则省，当今的雪糕盒看起来和以前的一样，但是已缩小了许多，只是让消费者不觉察而已。

"雀巢"产品也有好吃的，其中的Crunchy也是包巧克力的，我可以一吃一大盒，数十粒。在日本吃软雪糕，一天数个。一次在北海道，还来一个珍宝型的，七种味道齐全，全部吞进肚中。

　　"你要吃到多少为止？"常有朋友看到了我狂吞雪糕问我。

　　我总是笑着回答："吃到拉肚子为止。"

我为梿狂

在香港，从前榴梿卖得很贵，都是有钱人家特地空运过来。吃剩了，家里的顺德妈姐也偷一两粒，上了瘾，到处寻找。后来香港人到新马泰旅行多了，引进这个异国风味，结果大量输入泰国榴梿，价钱开始下降。

当今，连内地的许多城市人，都吃起榴梿来了。海外的高级水果铺，也要放一两颗榴梿来当镇店之宝，多数已经裂开，不能吃，做做样子罢了。

榴梿的样子，实在奇特，巨柚般大，浅绿至深绿色，外壳长满短小的尖刺。剥开了，里面分成数格，每一格有一至六粒肉，其中有大粒的，称重量时连壳带核卖，甚不划算。传说日本人占领马来西亚年代，军人也吃上瘾，到市场，也不抢，用钱去买，原只称过之后，吃了肉，再把剩下的壳核称一称，才算钱给小贩，当是公道。

是什么滋味令人那么着迷？讨厌的人一闻到就骂臭狗屎，强烈的味道攻鼻。曾经发生过这一回事，七个意大利人游旺角，见有人围住买东西，钻入人群中看究竟，一闻到榴梿，七人之中，晕倒了六个。

真正的榴梿味不可以文字讲解，它的口感有点像芝士蛋糕那么浓厚，有些人曾经用"躲在厕所内吃芝士蛋糕"来形容，十分贴切。

原本分布的地区并不算广，印度南部少数地区、菲律宾、印度尼西亚、泰国、马来西亚罢了，别处不见。当今地球底部的澳洲也种了，海南岛亦生产，在新加坡旧时见过榴梿树，现在已近乎绝迹。

榴梿大致可以分为两大类：树上熟了，掉地而吃的，是马来种；从树上折下来，待熟后食的，来自泰国。故后者可以输出到世界各地去，而马来种，要掉下来后隔天就吃，不然味道全失，果实也开始发酵变坏了，就不能运出了。

歧视也发生在榴梿身上，爱吃马来种的，认为泰国榴梿根本不入流，不够香，也无苦味。榴梿的苦，产生于甘甜之后，是一种很特别的味觉，最能令人着迷。

自以为懂得吃榴梿的人，以只食马来种自豪，泰国榴梿是不会去碰的。泰国人却笑那些老饕知识太浅，泰国种也分贵贱，最高级的，不是典当了沙龙才够钱买到，也许要连脚踏车也当掉，才有资金购入。顶级榴梿在树下有守卫荷着枪看管，问你服了不服？

我们这些在南洋长大的人，吃过马来种，当然认为它比泰国的好，其实这只是片面的印象。真正讲究下去，马来种之中，也只有槟城罗浮山背地区的最好。在马来西亚有一年一度的榴梿比赛，吉隆坡附近产的什么苏丹种、X.O.种、D24种，都公认为比不上罗浮山背的。它得到多届冠军，为榴梿王中之王。

到了槟城，特到罗浮山实地观察，一条弯曲的山路，两旁长着各种各样的榴梿。有趣的是，有些长在路边，还张网罩着，等它掉下。又有些园主怕掉下后裂开，用尼龙绳子把果实一颗颗绑住，消耗众多的人力，才能收成。

在罗浮山背当地买，品种也不够多。要试尽所有，不必跑到那么老远去，在市内反而齐全。安顺路一块小草地的旁边，停泊着两辆小货车，那就是洪福龙的档口了，阿龙卖榴梿又老实，价钱又最公道。

"要吃好的明天再来，昨日下了雨，榴梿味淡了。"他会那么劝说，水平不够好的话。

我到档口坐了下来，向阿龙说："给我一粒最好的，价钱不是问题。"

"没有什么是最好，全凭口味。"阿龙说，"要看你想吃哪一种。"

"我怎么知道那么多？"我反问。

阿龙替我选了一个。他剥榴梿的方法与别人有异，不是用扁尖的棍子钻开，而是看准隐藏着的裂痕，用小刀削出三角形的口来。刀磨得极锐，像在切豆腐，削完之后，依裂痕，很容易就把果实打开。

"这一粒，叫青皮。"阿龙解释。

尝了一口，芳香无比，肉也很厚，口感极滑，比蜜糖更甜万倍。

"这一粒，叫Capri，带有酒味。"

果然如饮佳酿，红酒、白兰地、威士忌，味都不如这颗榴梿浓。

"这粒叫榴梿公，这粒叫青花，这粒叫葫芦。"

我一连试过，有的很干身，有的苦味极重。正如阿龙所说，要指定一个喜好，才能享受到自己最中意的味觉和口感。

最后试了下来，我认为天下绝品，是一种叫红霞的。原谅我的文字功力有限，不能详述。我认为所有味觉，都是要你亲身感受过，一一比较出来的。

旁边草地，放了数十个榴梿，我还以为是不合格，给阿龙丢掉的，一问之下，他回答道："榴梿刚刚运到，还不够土气，应该让它在草地上躺一躺，才最完美。"

榴梿用手抓着吃，留下一股味道，阿龙的档口设有一桶水，水喉一开就流下，他教我把榴梿壳放在水龙头下，让水沿着壳流下来，再冲手。这么一来，手洗得干干净净，一点味道也没有，真是神奇。

阿龙跟着父亲卖榴梿，已有三十多年。他退休后，儿子也会在那里营业吧？榴梿本来一年只有两季，在阳历七月和十二月，当今的已变种，一年从头到尾都能买到。你如果有兴趣，可以去找他。

冷面

以为天气转凉，哪知道今天还是那么炎热。一热起来，胃口不好，就想起了吃冷面。

中国的、日本的冷面味道固然不错，但还是韩国冷面过瘾。韩国人是吃冷面的专家，热天说吃了冷面会降温，天气一冷，又说能消除炕上传来的燥热，总之一年到头都吃。

韩国冷面大致上分为两种：平壤式的用荞麦做，不会太硬；咸兴的用马铃薯粉，韧硬得要命。如果你向韩国人说，用吃咸兴冷面的力气，可以从首尔跑步到釜山，他们一定会笑，说你懂得韩国文化。

有汤的冷面叫水冷面（mul naeng-myon）。干捞的叫拌冷面（bibim naeng-myon）。凡是水或汤的都有mul的发音。如果是拌来吃，都叫bibim，像bibim pa就是蔬菜拌饭。

平壤式的冷面面条，有时也做得很硬，用剪刀剪开才能吃，汤底虽说用牛骨熬出来，但大多数只是味精清汤，或在汤中加一点而已。面团上面铺着两片很薄的牛肉当配料，另外有只白煮的熟鸡蛋，加上些青瓜丝，就大叫Masiso! Masiso!（好吃好吃！）

我没有吃过好的平壤冷面，韩国朋友说你要到北韩去才能尝到。

我最喜欢的就是拌冷面了，用马铃薯做的面有些人说很硬，那是因为拉得太粗，我吃过的幼细得像意大利人的天使头发，又用剪刀切断了，很容易下喉。

　　面中拌了大量的蒜茸、辣椒酱和泡菜，又有些舂碎的花生，吃起来有点像南洋的罗惹，也许这就是我爱上的原因。

　　正宗的拌冷面，把面条吃光后，还有酱汁留在碗底，这时店里拿出渌面的白色热汤，灌入碗中，用细铁筷搅匀，又是一碗好味的汤。啊，做韩国人真幸福！

伎生

十几年前，到汉城，导演申相玉请吃饭，到了一家山明水秀的伎生馆去。进入布置豪华的房中，我们围着一长方矮桌席地而坐，我是主客坐上端，右手旁有个四方的硬枕靠手。美丽的伎生穿着传统韩国服装入场。

各式各样的菜色最少有七十种，其中也不乏可口者如醉螃蟹、生牛柳、酱桑叶、沾蜂蜜的新鲜人参和韩式火锅"神仙炉"等等。

陪我的那个叫静姬，身材矮小，貌不出众，奇怪她为什么是这里最红的伎生。服务精神可真是第一流，无微不至，我眼光一看，她即会意我喜欢什么菜，夹着送入口，并为我擦干嘴。

韩国人的习惯是自己干了一杯后，将杯子交给你要敬酒的人，那人干完把杯子送回给你，你饮后又递给他，纠缠不清。静姬又干了把空杯给我，我回敬。略微休息，面前就有两个空杯，这叫戴眼镜，不是一件光彩的事，所以喝个不停。

几十杯后，静姬说这种日本酒杯太小，不如换个大一点的吧。

用茶杯又干了几杯，再换大水杯。

为了表示公平，她叫侍女拿了十个水杯，以筷子为架子，一个叠上一个，在最上面那个杯子倒酒，第一杯满溢下第二杯，结果十杯全盈，她一连呱呱地干了五杯，瞪着眼看我，我不服气地也喝了五杯。

静姬见灌我不倒，更不服气，嗖的一声站起，把那一大碗牛尾汤倒掉，注满酒，一口气不停地把整个大汤碗的酒吞下，擦擦嘴，像处女一样地含羞笑着，把大汤碗递回给我。

接着她一拍掌，五六个侍女抬进十二面大鼓，静姬毫无醉意，跳起身来以双棒击鼓，起初慢，越来越快，又弯着腰倒身敲打，音乐节奏极为强烈，一面击鼓一面转身，大裙子在飘荡，愈转愈快，看得人眼花缭乱。忽然，一下子停了，一切静止，鸦雀无声。

静姬放下双棒，躺入我的怀中，问道："要不要再来一杯？"

我才知道她为什么是这里最红的伎生。

海女餐

念书时的一个漫长的夏日假期，我由小仓乘船渡海到釜山登陆，一路坐火车，每逢一个感觉到有趣新奇的小站都下车，玩个一两天。

韩国人给许多有偏见的人的印象是粗鲁和野蛮，少数也许是如此，大部分是勤俭和纯朴的，对老者非常尊敬，年轻人多热情、可亲。

一日，到达济州岛海边，见一群以潜水捕捉海产为生的女人，她们嘻嘻哈哈，几乎当工作是种乐趣。炎日下，她们显得特别健康和美丽，我很想跟她们出海。

看见海岸的另一边有几艘小船，每艘船上两个海女，正在招徕客人。原来还有此种服务，正合我意，即刻跳上一艘，她们一看我是外国人，指手画脚地迎笑招呼。

把船划到海中，摆好小桌，拿出几碟酱油、小鱼、小螃蟹等小菜，又开了一瓶土炮让我先下酒。我懒洋洋地躺在又厚又软的枕头上，把杯望海，享受着宁静。

小菜一碟碟的，每一种都新奇。有一种是将海参切成一块块生吃，蘸着辣椒酱，起初感到硬，慢慢嚼之，也极易进口。

她们戴上玻璃眼罩，叽里咕噜地问我，大概是要知道我想吃什么，我只有拼命点头。她们一笑，扑通地跳下海。我心急地等，她们一潜水便两三分钟才浮出海面，每人手中拿了两只大鲍鱼。上船后她们即刻在一个小火炉生火，一面挖出鲍鱼肉，把那条肠子切下，点酱油和绿芥末送到我口中，看着那黑绿色的东西，我心中直发毛，但是一吃下，甜味横溢。接着她们拿了大木槌把鲍鱼大力搞烂。一次又一次，敲成扁扁的薄片后，一层层地叠起，插入铁叉在火上烤。一边烤一边涂上酱油和虾膏，阵阵的香味传来，准备好了撕成细块喂我。我再也没有尝试过那种入口即化的美味。另外还有用大蚬、海带和豆腐烧的汤佐酒。一杯杯地喝下，我已经有点醉，其中一个海女开始为我由脚部按摩，一个让我躺在她的怀中，温柔亲热后昏昏入睡。

后来因工作去了十几趟韩国，经济州岛都去找，没寻着，笑自己是否是想找回青春。

土人餐

到欧洲拍戏时，觅空隙，叫朋友带我去吃土人餐。

朋友千方百计地找到一间小馆子，我们没有订位就匆匆赶去。哈，还是客满呢。

大家津津有味地吃着一条条的活树虫，样子像蚕，但颜色像发了绿霉的蛋黄，恐怖得很。我也要了一条试试，咬进嘴，波的一声，汁液流出，好像在吞生猪肺，心中发毛，不敢再动手。

接着再试大甜蚁，我怕它先咬我的舌头，把蚁头用餐刀切断，吃它的身子，味道其怪无比，吃完口中发麻，可能是蚁酸起了作用。快点喝面前的那杯白液，它是大树根磨出来的汁，土人在旱季的时候以此解渴，又苦又甘，但总算比中药可口。

烤大蜥蜴最精彩，热气上升的一大圈肉放碟子上，看起来是蜥蜴肚子的那部分。用手撕出一条肉尝尝，硬过鱼肉，但比任何牛排羊排都要软熟，有一阵幽幽的清香，是肉类中的上品。

最后的甜品是从来没有看过的生果，有的黄，有的红，上面有细刺，原来是仙人掌的果实。咬了一口，才知道中间有一颗颗的硬果子，想吐出来嫌麻烦，就吞了下去，第二天好像放子弹地拉出，锵锵作响。

泰皇宫餐厅

曼谷地广，有个商人用片大地皮建筑了一个别开生面的餐厅——泰皇宫。

在那里，他挖了个人工湖，湖畔立亭，湖中泊舟，并有美女舞团表演传统的泰国舞，是个吸引游客的地方。上这间餐厅的本地人还是占大部分，可见它的菜色不差。

最主要的特色是服务极佳，据说有两千名侍者，这可能夸张，不过连厨房的人也算进去，近千人错不了。

客人坐下，有一名少女站在桌边侍候，她只管一两台人，所以永远没有找不到侍者的麻烦。那么大的地方，订单一下后，不消片刻即见酒水，十五分钟之内食物必定送到——侍者是骑着滑轮雪屐的。

喜欢刺激的客人可以坐在走廊进食，侍者捧着火炉烧的冬荫贡，飞来飞去，但绝对不会撞到人，感觉上是一面看 *Starlight Express*，一面在吃东西。

试了一味泥鳅酥，炸得香脆，淋上酸辣汁，是少见的泰国美味。

付账时柜台的少女不停地微笑，其实在这里所见的人都不断地微笑，傻兮兮的似乎有点白痴，但比起香港的侍者来，真有天渊之别。

法式田鸡腿

在法国南部吃了田鸡腿，念念不忘。

回到香港去了几家法国餐厅，均不满意，不是那个味道，唯有自己炮制。参考了许多法国菜谱，包括 Julia Child 写的 *Mastering the Art of French Cooking*，不得要领，只能凭记忆和想象重创。

到九龙城街市，走过那档卖田鸡的，看到的不是很大。田鸡最肥大的来自印度尼西亚，那两条腿像游泳健将般，肉质也不因大而生硬，是很好的食材，但并非这次的选择。

小贩剥杀田鸡，总是残忍事，不看为清净，丰子恺先生也说过，吃肉时不亲自屠宰，有护生之心，少罪过。

再去外国食品店买了一块牛油、一公升牛奶和一些西洋芫荽，即能开始做菜。

先把田鸡腿洗干净，用厨房用纸把水吸干了，放在一旁备用。

火要猛，把牛油放进平底镬中，等油冒烟，下大量的蒜茸。

爆香后放田鸡腿去煎，火不够大的话全部煎熟，肉便太老，猛火之下，田鸡腿的表面很快就带点焦黄，里面的肉还是生的。

这时加点牛奶，让温度下降，田鸡腿和奶油配合得很好。再把芫荽碎撒下去，加点胡椒，动作要快，跟着便是下白酒了。

用陈年佳酿最好，不然加州白酒也行，加州酒只限用来做菜。带甜的德国蓝尼也能将就。但烧法国菜嘛，至少来一瓶Pouilly-Fuisse 吧。

酒一下，即刻用镀盖盖住，就可以把火熄了，大功告成。

虽然没有法国大厨指导，做出来的还蛮像样，但只能自己吃，不可公开献丑。

吃完，晚上还是去"天香楼"，叫一碟烟熏田鸡腿，补足数。

完美的意粉

　　怎么做得成一碟和在意大利吃的一模一样的意粉？从来没有做过，有可能吗？有可能。失败了一两次就学会。第一，所有原料都要由意大利输入。很简单，到 City'super 或 Oliver's 去，架上一大堆产品任选。先学做一碟最基本、最简单的"西红柿酱汁意粉"（spaghetti al pomodoro）吧！材料主要有：面条、橄榄油、醋和西红柿酱。买什么牌子的面？ Caponi、Pallari、Voiello、Spigadore、Martelli都是响当当的名牌。什么橄榄油？一定要选特级处女橄榄油（extra virgin olive oil）。最好的有 Bertolli、Delverde、Solleone 等。什么醋？天下最贵的是意大利醋了，有如红酒，愈久愈醇，名牌有Balsamico。什么西红柿酱？ Montanini、Spigadore、Delverde 皆宜。芝士则选 Parmigiano Reggiano 硬芝士。绝对要遵守的，是面条包装纸上的时间说明，煮八分钟就八分钟，十分钟就十分钟，千万不能多也不能少。人家数十年经验，不会骗你。

　　煮面过程中，加橄榄油于平底镬中，把蒜茸爆香，加切碎的洋葱、芹菜和红萝卜。倒进西红柿酱，多少由你，依面的分量作准。这时面条已煮熟，即刻倒入酱汁中拌匀，搅拌同时，加月桂叶、金不换、盐、少许醋和胡椒。最后，撒上磨碎的硬芝士，即成。简单吧？十分钟之内搞掂。

要注意的是先利其器，买一个高身的煮面锅，中间夹一层沥干器的那种。从沥干器取出面条，非快不可，买支手指形的面托或面夹，《桃色公寓》中，积·林蒙用网球拍捞面，记忆尤深，但那是电影，千万不可学习。

伊比利亚火腿

西班牙火腿，为什么是世界最好？有四大因素：

一、种。只有伊比利亚半岛的猪，才有那股独特的味道。

二、生态环境。只有用西班牙南部的草原中种出来的橡树的果实来喂的猪，才能有那股味道。

三、大地生长。只有在那些草原里，猪和牛一样，自由奔放地生长。

四、气候。只有在那一小片地区的微气候不冷不热，不湿不燥，能让火腿长时间风干。

西班牙有种猪，其特点在于四蹄又尖又长，皮和蹄都是黑色，这种猪叫为伊比利亚黑猪。整个西班牙生产的火腿，也只有五个巴仙能叫为伊比利亚火腿（Iberian ham）。

将伊比利亚火腿切片，肉色由粉红到深红，中间，像大理石的纹一样，夹着白色的脂肪。整块肉都会发亮，这是吃橡实得来的。

香味发自脂肪，猪一瘦，就不香了。

我们这次在巴萨隆那，每一顿饭都要叫伊比利亚火腿来吃，它的香味，不是意大利火腿能比的。

被世界上高级餐厅和名厨公认为最好的，是 Gran Reserva Joselito。西班牙著名的食评家 Rafael Gracia Santos说："如果十分满分的话，Gran Reserva Joselito应该打九点七五分。"

Joselito这家公司选一百巴仙的伊比利亚猪，橡实之外，还喂香草。每只腿风干需时三十六个月，用最纯的海盐人手腌制。工厂里，唯一机动的是窗门，一按钮，开窗闭窗来控制室温，仅此而已。

每只腿大概八公斤，削皮，即可进食，但最好的状态应该在削皮后，再等一两个小时，让它和室温相近，再片来吃，此刻最香。

怎么一个香法？对还没有尝过的人是很难解释的。可以这么形容吧：我们这次在餐厅叫了一客，未上桌前忽然闻到香味，转头，原来是侍者从厨房中拿了出来。

这种伊比利亚火腿的蛋白质比普通猪肉要高出五十个巴仙来。它的脂肪是oleic acid，相等于橄榄油中的"好脂肪"。"好脂肪"会产生HDL，就是所谓的"好胆固醇"了。大家知道胆固醇有好有坏，HDL会消灭"坏胆固醇"LDL，是被医学证明过的。

怕肥吗？愈吃愈健康才对，要是你吃的是Gran Reserva Joselito。这种火腿，一只八公斤的要卖四百九十五欧罗，等于五千多港币。

我们这次吃下来，发现另一种叫Jabugo Sanchez Romero Carvajal的，也可以和Joselito较量。

Jabugo是伊比利亚火腿的另一个叫法，而 Sanchez Romero Carvajal则是西班牙最古老的一家火腿公司的名字，始创于一八七九年。它也是全国最大的，每年要屠宰十万只伊比利亚猪。最高质量的猪属于这家公司养的，血缘来自野猪。

最高等级的盖着5J。我们在Las Ramblas的菜市场 Saint Jose

第一档火腿档Reserva Iberica购买时，店员切了一块3J的和一块5J的给我们比较，不管是色泽还是香味，都是5J为佳。

所谓J，代表了年份，一般人以为是腌制了五年后来吃的叫5J，火腿像红酒一样，也是愈老愈醇。

其实，代表年份的J，是指猪只的长成，5J的由乳猪养了四年半，肉质才是最成熟、最香。养三年的，就比不上了。腌制过程，要经三十六个月。

这种火腿，一只七公斤的，卖四百二十五欧罗。

有些人以为serrano火腿就是伊比利亚火腿，其实是错的。serrano，是山脉地带的意思。这些猪不养于生满橡实的草原，不自由奔放，只是吃谷物长大，最大分别，猪皮是白的。它只需十八个月就能屠宰，一只八点五公斤的火腿，只要卖一百四十九欧罗，合一千多块港币罢了。但也已经是非常非常地好吃。

如果不整只腿买的话，可购入去骨和去皮的，一只腿斩成四件，真空包装，售价就更贵了。也有切成片的，真空包装。我们去了巴萨隆那，回程经巴黎，在高级食品店中找到，价钱已经高过一倍，怪不得老饕们都从西班牙厂一只一只邮购去。整个欧洲，肉类的输入是没有问题的，寄到香港，则禁止。

吃腻了，可换换胃口，叫一客Chorizo Iberico。这是用伊比利亚猪腌制的香肠，加了大蒜、辣椒和香草，切开后即可进食，不必煮过。

通常，看到颜色深红的火腿，以为必是过时，或者是表面被风干太久，但是真正好的伊比利亚火腿，颜色都是深的。吃法也并不一定是片片，老饕们会将它切成丁丁，骰子般大。不管是片片，或者切丁，好的火腿，入口即化，天使也要下凡，与你争食。

庞马火腿的诱惑

到意大利，香港人总是去罗马的西班牙石阶，或者前往米兰的拿破仑大道名店街购物，甚无文化。

文化也不一定是欣赏什么绘画或雕塑，吃也算在里面。离开米兰两小时，就能抵达庞马（Parma），应该顺道一游。

欣赏意大利菜，从粉面入门，再下来就是他们的生火腿了。我们经常把生火腿叫为Parma ham，但和只有香槟区产的汽酒能叫香槟一样，庞马产的火腿才能称之为Parma ham，其他地方的，只叫prosciutto罢了。

庞马火腿经过称为Consorzio del Prosciutto di Parma的政府协会严格控制，一定要按照古方炮制，检验之后，打上像劳力士的皇冠火印，方能合格。我们在超市中，也要认清此标志购入，才不会受骗。

"怎么这条腿有四个皇冠火印？"我问，"是不是印愈多愈高级？"

我们参观了Villani这家厂，厂长笑着解释："完全没这一回事。这条腿做好了，要分成四块真空包装，才打四个印，总之不管你买块大的或小的，都有火印才对。我们还是从头看起吧。"

打开仓库，比想象中大得多，分成几层，第一部分是刚从宰场中运来的猪腿。

"西班牙黑猪，吃橡树的果实，庞马的也是？"

"不，不。"厂长又笑了，"你知道庞马地区，除了火腿之外，最出名的就是我们的庞马芝士（Parmesan cheese）。猪吃的，是做完芝士剩下的渣滓，肉特别肥美，不可以用其他饲料来喂。"

好幸福的猪，专吃著名芝士长大！

"有没有分左腿或右腿的？"

"意大利人不懂得分别，左右腿都用上。也许你们中国人吃得出吧？"

"猪要养多大？"

"两年。"他说，"庞马区很大，要在Langhirano这里养的才最好。"

"像不像神户牛那么听音乐？"

厂长笑得差点跌地："不过，庞马这个地方的人都爱音乐，Verdi和Toascanini都是庞马人，也许猪也受到感染吧。"

"一只腿，要腌制多久？"

"和养猪的时间一样，也是两年。"他说，"你看到我们仓库的窗吧？又窄又长，是种特色，这是因为要给风吹进来。"

"一年到头都开着？"

"又开又关，厂里一个有经验的老师傅全权负责。"

"一只腿有多重？"

"十二到十四公斤，风干到最后剩下十公斤左右。"厂长打开一个仓柜。哗，里面至少挂着上千条猪腿。

"只用盐来腌。"他说，"用的是最好的海盐，其他香料和防腐剂一概不准碰，否则给火腿协会一发现，几百年的声誉就扫地了。"

过程是先把湿盐搓在皮上，露出肉的部分干盐腌之，放在一到四度的气温中，湿度保持八十度。

"七八个星期后就要拿出来洗，用的是温水。"

"洗后再用盐腌？"

"除了盐，还要用人手揉上猪油，叫suino。"

"猪油腌肥猪，倒还是第一次听到。"我也笑了。

另一位老师傅出现，打开下一层的仓库，用一根尖刺，在火腿底部插进去，边插边闻，每只刺了五下。

厂长解释："并不只闻是否够香那么简单。为什么要刺五下？这都是血管的部位，血管中还留着残血的话，火腿就会变坏了。"

学问真大。我问："庞马人从什么时候学会腌火腿的？"

"有一个山洞里发现了一堆栈的化石，检验了知道骨头里有盐分，那是四千年前的人贮藏的，可能是人类知道这个地区的气候最适宜做火腿吧。"

我们已走到最后的仓库，挂着成千上万的火腿，等待运出到全世界去。我已等不及，向厂长大叫："试吃，试吃！"

"已经准备好了，请便吧。"

大厅中摆着装有由三只火腿片出来的火腿片的银盘。还有另外一只，也切出来给我们比较。厂长说："这是其他欧洲国家做的火腿，你看，一点都不肥，完全不是那么一回事。"

庞马的色泽粉红，一阵甘香扑鼻，入口即化，是仙人的食物。最美妙的，是吃火腿吃到饱，也一点不口渴。我问："是不是只适合配蜜瓜和无花果？"

"什么水果都行，只要甜的就是。"

"你认为西班牙的黑猪火腿如何？"

"意大利也另外有种出名的，叫San Daniele，和西班牙火腿很接近，颜色黑一点。"

"哪一种最好吃？"我问。

厂长又露出一排牙："像女人，怎么比较？有人喜欢肥润的，有人爱枯瘪一点的，两个都是美人，不同而已。"

这时，厂长看到有些女士把庞马火腿上的那层脂肪拉掉，只吃瘦的，偷偷地在我耳边说："我最反对这种吃法，一定要和肥的一块儿吃才叫吃庞马火腿。女人要瘦身的话，吃少一点好了，真笨。"

死后邀请书

苏美璐在传真中，告诉我她先生有个友人，虽是个洋鬼子，但样子和个性都很像我。这位仁兄叫 Bruce Bernard，也是个作者。今年年头把这一个世纪中的照片，集成一本很厚的书，图文并茂，花了一生心血。此书叫《世纪》（*Century*），我在伦敦的书店看过，很厚，最少有五公斤，随书还送一个精美的塑料手袋，以便读者拿回家。出版后大卖特卖，给作者赚了巨额的版税，但他没有家庭子女，又知道自己快要死了，就开一个派对给他的朋友。

苏美璐的丈夫和他在同一间酒吧喝了三十年的酒，当然也收到他的邀请书，试译如下：

> 准备很好的食物和酒请大家，并且研究每个人的喜恶，供应他们爱吃爱喝的东西。如果我自己能参加这个派对的话，我会特别喜欢吃羊肉冷盘，把肉煮得颜色深红，但不可太熟。我还喜欢吃很生的牛扒。薯仔沙律非用最好的洋薯不可，酱也得精心炮制，我吃了之后再也不想看到一个薯仔。Branston 酱，我认为最好吃。甜品可以从 Maison Bertaux 入，我的客人也爱这一类东西的话，至少有一大部分应该从这家店进货。请原谅我把食物描写得太长。绝

对不可禁止任何人参加，除非他们是招摇过市而且令人讨厌。来吧，你们这些虚荣又苦恼的朋友，欢迎你们。我会选择 Macallen 威士忌，除非你更喜欢煤炭味，可选别的。啤酒不能忽视，餐酒也是。Chateau Musar不错，大量供应。非喝香槟不可的客人，自己付钱买来好了。这是唯一不供应的酒，不应由本人的治丧委员会负担。

2-3-00 Bruce Bernard 谨约

我还没有想通自己的邀请书要怎么写，文笔不如他，改一些菜谱和酒名，其他的，照抄可也。

有趣

　　文华酒店的扒房，近来加了最新派的分子料理。友人宴客，请了我参加，地点在the Krug Room。

　　the Krug Room很神秘，躲在二楼扒房对面the Chinnery酒吧的后头，一走进去看到有面玻璃墙，可偷窥文华酒店的中央厨房，也能见到厨师为我们准备的这一餐分子料理。

　　顾名思义，the Krug Room以著名的香槟为字号，客人主要当然是喝香槟酒，Krug已经被LV买去，LV这个组织也早已买了更著名的香槟厂Dom Perignon。

　　传说中，LV这个大机构命令生产不多的Krug大量制造，降低水平。但事实上LV并没那么做，让一切顺其自然，法国老饕才安了心。

　　Krug香槟，连无年份的Grande Cuvee也至少经过六年才出厂，更高级的要酿到十年以上。喝Krug酒，好年份是八九、八八和八五。但是接近最完美阶段的，是八一年的才算。

　　室内的长桌上，摆着一个个的花瓶，每瓶插上一朵鲜红的玫瑰花，至少有二十多瓶。长桌上面的灯饰，是用一套套的餐具倒吊组成，设计甚为特别。

　　当晚的菜名用粉笔写在靠门的黑墙上，十三道菜，计有"石头烤"、"黄金鱼子酱"、"僵尸"、"雨水"、"西班牙海鲜饭寿司"、"龙虾面"、"Krug葡萄"、"羊毛"、"黍米鸡"、"蚝"、"早餐"、"夏湾拿之旅"和"化妆"。单单是菜名,已够怪的了。

第一道上桌的菜,是在一片平石上,摆着黑白的鹅卵石,樱桃般大。厨师出来解释用什么原料和怎么做法,并警告只吃中间那两粒,其他是真的石头,不可食之。黑色鹅卵石放进口,原来是马铃薯为馅,外面包黑芝麻,把马铃薯茸搓成丸,浸在黑芝麻浆中,黑芝麻浆像巧克力的外层。咬了几下,果然有马铃薯味。

第二道是一个铁盒,和真的鱼子酱的包装一样。打开盖子,里面有橙色的粒粒,用扁匙舀来吃,原来是把荔枝搅拌成汁,加了做大菜糕的海藻液,放进有如针筒的管中,像打针一样,让它一滴滴地滴在特制的容器,凝固起来,有如鱼卵状。咬了几口,果然有荔枝味。这道菜,只要有特殊的餐具,人人会做,不必厨艺。

第三道是猪肉,用一块样子像缠着干尸的布条的东西盖住,故称"僵尸"。那块布吃起来很甜,是把棉花糖压扁做成,下面的猪肉红烧,配上辣椒酱和奶油豆酱。

第四道的"雨水",最初看不见什么是雨水,碟子是正方形的,很大,摆着几种菜叶。厨师出现,拿了一管很细的胶筒,挤出调味液,像花洒般地淋在生菜上面,称之为"雨水",原来如此。

第五道的"西班牙海鲜饭寿司",原名paella,是一片压得扁扁的白饭,和寿司又怎么搭得上关系呢?原来白饭片上铺的是粉红色的鲑鱼、白色的比目鱼和另一种叫不出名、吃不出味的鱼。厨师又出现,再次拿胶筒滴上山葵酱油。叫为寿司,但和手握的长方形块状完全两样，像一块饼干，日本寿司师傅看了不知会不会气死。

第六道的"龙虾面"，最下层铺着粉红色的圈圈，像蚊香。上面倒看得出是什么，是三块龙虾肉，吃起来也是龙虾。至于为什么叫为面，原来那粉红色的蚊香，是将龙虾头的膏，混在面粉之中用针筒挤出长条来当面，没有什么龙虾膏味，像面粉慕丝（mousse）。

第七道的"Krug葡萄"，厨师当众表演，由冰筒中倒出两粒葡萄来，样子是葡萄，吃起来味道也是葡萄。但有小气泡在口中爆裂，原来是把香槟气体打进葡萄中做成。

第八道的"羊毛"又是用那块僵尸布做成，反正羊毛被和僵尸布的样子很接近。铺在下面的是羊的三个部分：肋骨肉、红烧羊肩和羊的脾脏（sweet bread）。脾脏不是人人懂得欣赏，我倒能接受。红烧羊肩可口，肋骨肉则和普通的羊架子肉一样，很小块而已。

第九道的"黍米鸡"有鸡胸肉和烤腿肉，加上玉蜀黍粒，这道菜样子和味道都像没有经过分子处理。

第十道的"蚝"，已是甜品了。碟中有一只连壳的蚝状东西，原来是巧克力做的。至于蚝中的那粒珍珠，则是以白色东西包着一粒榛子仁。另有啫喱状的物体，是用香槟加鱼胶粉做出来的。

第十一道的"早餐"，碟上有一煎蛋，以椰浆做蛋白，而蛋黄则是芒果汁制成。

第十二道的"夏湾拿之旅"是什么？夏湾拿以雪茄著名呀！用巧克力卷着云呢拿雪糕，制成大雪茄状。雪茄灰则用黑白芝麻做成，颇费心机。那个巨大的烟灰碟，也是用巧克力做的，已太饱，没人吃得下。

第十三道的"化妆"最为精彩，上桌的是一个和粉盒一模一样的东西，打开来，还连着块镜子呢。胭脂粉饼是将西瓜汁的结晶，磨成粉状制成。而粉扑，当然又用回棉花糖团了。

饭后侍者拿出意见书，要我们填上，我本来推却，被人劝后，写上"INTERESTING"（有趣）一字。

友人小儿子问："写有趣是什么意思？"

我回答："将吃的东西做成你意想不到的物体，创意十足，是有趣的。其实我老师冯康侯先生曾经说过，他在广州的花艇上吃过各种水果，但都由杏仁、红豆等做出来，这种想法早已存在。不过，我们要吃薯仔就吃薯仔好了，要吃荔枝就吃荔枝，干脆了当更是率真。基本美食都是一代代地传了下来，一定有它不可取代的存在价值，分子料理经不经得住时间考验，是一个问题。如果有人问我好不好吃，我则说不出所以然。当主人家热情，你又不想太直接发表意见时，最好的评语，就是说有趣。"

好西餐

说真的，这几年来，对吃西餐，不管怎么好，都有点怕怕。友人见我少吃，以为我只爱中餐。

西餐一顿要花三四个小时，东西又不是那么好吃，总有点不耐烦。来来去去都是那几样东西，吃点头盘，喝个汤，来些沙律，再锯一块扒，都是传教士式的动作，怎么不生厌？

一般的餐厅，都是由些嘴边不长毛的小子躲在厨房里炮制，只学了那么几道菜，就成为大师傅了。最拿手的是把鲑鱼剁碎，放进一个铁圈中，填了肉把铁圈拿起，一块又圆又扁的食物呈现在碟中，插上香草，再用又红又黄的酱汁在碟边画画，就摆上桌。

把鲑鱼放入搅拌机中搅了，用牛油一煮，加点白酒，下大量白开水，就煮成汤。

生菜之中，混上几块生鲑鱼，下大量橄榄油和芝士碎，就是沙律。

把鲑鱼切成香烟盒那么大的一块，下锅煎一煎，再用手指抓起翻过来煎另一面，已是主菜。看得心中发毛，我们做菜都要求热辣辣，怎么知道西洋厨子可用手指翻那半冷的鱼？

食材也没有一点想象力，鲑鱼来鲑鱼去，当今我看到鲑鱼就反胃，绝对不会去碰了。

事实当然没有我说的那么夸张，可改成煎一块牛扒呀！但美国牛扒硬得要命，就算是dry aged储藏后发酵的，也不算好吃。澳洲纽西兰牛扒更糟糕，一说是日本和牛种，也不知道和牛分多少地区和等级，就是要斩到你一颈血为止，绝对不值得去吃。

肉块的旁边，放一个马铃薯，或将它打成茸，不然就煮些红萝卜，或者烫熟几块没有味道的西兰花当为配菜，看到了也不想吃。

牛肉永远不照你的吩咐去烤，点半生熟的一定弄至硬邦邦的全熟。点全熟烤到使肉发焦变成炭为止。

不如去吃羊扒吧！羊扒也照样煎得老老的。那么来个羊架吧，露出几根骨，用片花纸包住，一片片切开来吃。咦？怎么连羊膻也闻不到呢？冷冻得不像羊肉呀！

叫鸡吧！永远是那块又厚又没味道的鸡胸肉，像吃发泡胶，就算是法国名产区的过山鸡，也只是心中感觉到有甜味而已。

鸭子可好？浸油鸭是二流法国厨师的拿手好戏，浸得硬邦邦的，怎会好吃？不然用刑具式的铁压来榨，原来也只是噱头，血浆煮熟再淋在鸭肉上，也没什么特别的味道。

"你不会吃！"外边友人骂我，"要吃西餐，一定要去巴黎！"好，就听你话到巴黎，任何名厨都试过。有些是一小道一小道来个十几道的，所谓试菜餐（tasting menu），怎么吃也吃不饱，而且难吃的居多。

不如去吃意大利菜吧，意大利菜总是充实，不像法国菜那么浮夸。对的，吃来吃去总是生火腿蜜瓜，再来碟芝士意粉，已饱得再也撑不下去了。

别吃那么多肉或面，来点鱼吧！意大利最高级料理，用盐包住鱼再拿去烤，像叫化鸡一样把盐皮打开，露出鱼来，把最美味的鱼皮除掉，再拆可以吸噬的骨，剩下的又是发泡胶式的鱼背肉。正想试一口，大厨拿了大瓶的橄榄油倒下，又拼命挤柠檬，弄得又油又咸又酸。啊，好好的一尾鱼，怎么那么糟蹋了？那是没有冷藏的年代，鱼发臭了才挤柠檬，这种坏习惯怎会存到现在？

更恐怖的是遇到把东洋食材当为绝配的洋厨子，以为有点金枪鱼刺身，就是世上最新鲜的食物，连本来可以自豪的鹅肝酱或黑松菌，也要加一两片半生熟的日本牛肉，才觉得是高贵。

就算上电视的天才主厨奥莉花，也做什么都放一点柚子酱下去，说这日本调味品是万能的。已经那么几十岁人了，还长不大，见识还是那么少。

"难道你什么西餐都不吃了吗？"友人问。

吃，好的西餐，我当然吃，而且得个喜欢。

什么叫好西餐？就是妈妈或祖母煮的那种。

在法国南部的小餐厅，或者意大利乡下，一定有一两道用大锅煮出来的菜，也许是什么东西都放进去乱煮一通，但弄出来的天仙的食物，从来不让客人失望。

也不必花时间去等，坐下来，喝一碗汤，或吃一大碟煮得稀烂的肉，加上面包，是又充实又基本的一餐。

有一间快要开张的高级西餐厅叫我去试菜，东西相当有水平，但餐牌上就没有这种一大锅煮出来的妈妈料理。餐厅老板们来问我意见，我回答说请大厨做一锅好不好，他们听了都拍手赞成，但大厨抓抓头，说不会做。

东欧和俄罗斯都有这种传统，代表性的是他们的goulash，也就是中国人印象中的罗宋汤（其实是不一样的）。这种大锅菜，西方到处都有，只是没人欣赏，也少人去学。

如果说在美国吃不到好东西，那也是错的，他们的祖母或妈妈，煮的那一大锅辣椒大豆，才是真正的美国菜，好吃得要命。

谁说我不喜欢西餐？

白灼

把生的食物变成熟的，最好的方法莫过于白灼了。

原汁原味，灼完的汤又可口，何乐不为？

但是过生的话，血淋淋，猪内脏一类，不能吃半生熟；过熟的话，肉质变老了，像嚼发泡胶，暴殄天物。

要灼得刚好，实在要多年的下厨经验才能做到。

有一个简单的方法可以试试，那就是锅子要大，滚了一锅水，下点油盐，把肉切成薄片后扔进去。水被冷的肉类冲激，就不滚了。这时，用个铁网作勺子把肉捞起，等待水再次滚了，又把肉扔进去，即刻熄火。余热会把肉弄得刚刚够熟，是完美的白灼。

有很多地道的小吃都是以白灼为主，像福建的街边档，一格格的格子中摆着已经准备好的猪肝、猪心等。客人要一碗面的话，在另一个炉中渌熟，再将上述食料灼它一灼，半生熟状铺在面上，最后淋上最滚最热的汤，即成，这碗猪杂面，天下美味。

香港的云吞面档有时也卖白灼牛肉，但可惜牛肉都经过苏打粉腌泡，灼出来的东西虽然软熟，但也没什么牛肉味可言。

怀念的是避风塘当年的白灼粉肠。粉肠是猪杂中最难处理的，要将它灼得刚刚好只有艇上的小贩才做得到。灼后淋上熟油和生抽，那种美味自从避风塘消失后就没尝过。

其实任何食物都可以用白灼来做，总比炸的和烤的简单，如果时间无法控制的话，选猪颈肉好了，它过老了也不会硬的。

一般人都以为蚝油和白灼是最佳拍档，但我认为蚝油最破坏白灼的精神，把食物变得千篇一律。要加蚝油的话，不如舀一汤匙凝固后的猪油，看那团白色的东西在灼熟的菜肉上慢慢溶化。此时香味扑鼻，连吞米饭三大碗，面不改色。

非炸也

煎炸的食物，一向发出浓厚的香味，引起人类的食欲。尤其是对小孩子，他们最感兴趣的，不是煎，就是炸。为利用这一点，传统的潮州餐馆或街边档，一定在门口弄一个平底锅煎炸马友鱼，阵阵香味飘出，招徕客人。

快餐店的炸鸡也用相同的手法，什么东西都炸、炸、炸，像魔笛手迷住众生。炸薯条更是罪魁祸首，快餐店里大量制造，淡而无味的食材一经油炸，就变成佳肴。法国的炸薯条还有一点道理，美国的等于饲料，但都被当宝。

年纪一大，对炸的食物失去兴趣，有时还一吃就喉咙痛，带来咳嗽和伤寒，愈来愈不敢碰之。但市面上的炸物依然大行其道，为避免家长叫儿童少吃煎炸东西，厨子们美其名曰"椒盐"，一叫椒盐，连大人也骗了，安心食之。所有椒盐的菜，都是把食材淋上一层糊，然后放进锅中油炸一番，上桌前弄些酱汁铺上，或撒些红辣椒丝、炸大蒜茸等等。椒盐濑尿虾、椒盐蟹、椒盐排骨，都是例子。就连香港名菜避风塘炒辣蟹，也是油炸的。大排档和茶餐厅的几乎所有食物，都非得先炸一炸不可。

为什么那么喜欢油炸呢？答案很简单：快呀。曾经站在大排档口，观察厨子烧菜良久，发现客人叫了一客牛肉炒凉瓜，助手就把苦瓜和牛肉片放在一个铁盘中，揉上点荬粉交给师傅，师傅手上拿的不是镬铲，而是一把铁勺，很快地就从大油锅中舀去几大勺，放进锅中，把上述食材加入，炸一下子，用铁筛隔住，油回了锅。这时食物已熟了三分之一，师傅再下油，加酱，翻炒两下，就可上桌了。客人又叫了一碟干炒明虾，助手依样画葫芦，厨子以同一手法炸了又炒，用的是同一锅的油，倒回去也是同一锅的油。所以炒出来的东西，味道都是一样的了。

这种现象不限于大排档，要是你能钻入各家大餐厅的厨房，相信看到的都是类似的手法。难怪我们的菜式，水平一次比一次低落，已经没有生炒这回事了。

千万别误会，我对于炸，并非抹杀。相反，炸得好的，十分喜爱。

印度尼西亚人将一尾鲤鱼放入大油锅，也不杀，就那么炸。炸出捞起，待凉，再翻炸一遍。上桌时，整条鱼香脆，就连骨头和鳞，也是一咬而碎的，蘸着自己舂的大蒜辣椒酱吃，用手撕着，一块块放进口，实在是人间美味。

山东人的炸猪脊，单单是一片赤肉，不上浆，就那么炸将起来，又薄又脆，也是佳肴。

记得小时候，奶妈把苏打饼干舂碎，沾在肉上再炸，也是我们最爱的菜。

炸得差的是一些不努力的食肆，什么食物都浸在很厚很浓的粉浆里头，然后往油锅中扔去，也不管油温如何，看外表金黄了就捞起。吃起来，满嘴是糊，有些部分还炸不透，总之不知道其中包的是鱼还是肉，吃的只是那层皮、皮、皮。

到日本留学时，吃的都是那些廉价餐厅，见食物样板中有一客炸虾，就叫了。试了一口，觉得天下没有更难吃的东西，从此再也不碰。当年半工半读，替邵氏公司打工，当驻日本经理，六叔和六婶来东洋，最喜欢吃的一味，就是天妇罗了。我每次一听说要上天妇罗馆子，就皱眉头，心里说："天妇罗就是油炸虾呀！有什么好吃？"慈祥的六婶好像知道，她说："一般的油炸东西，日本人用英语的fried，读成furai，当然不好吃，但天妇罗不同，已将油炸的东西升华到另一境界，得慢慢欣赏，才知道它的味道。"

我当然没听进去。后来，在日本住久了，才明白她的道理。如果你问我日本食物花样那么多，最喜欢的是什么，我的答案一定是天妇罗了。

做天妇罗要有的基本厨具，就是大油锅了。最好是铜制的，而且至少要半吋厚，这么一来，油的温度才能保持稳定。用的油也要讲究，山茶花油才是首选，它的沸点比一般的油高，也不容易挥发，没那么多油烟。淋的粉浆，粉和蛋的比例如何，全凭经验，总之是愈薄愈好，薄到炸后看起来是透明为止。至于炸多久，也凭大师傅的功力，全无定法。

经常去的一家东京的天妇罗店，叫"佐加川"。老师傅人又瘦又小，每晚服侍前来试他的手艺的八个客人。大家都坐柜台面前，碟中摆放着一张纸，老师傅把食物做好，放在纸上。我们用筷子夹来吃时，发现纸上一滴油的痕迹也没有，手艺简直让人叹为观止。可惜当今老师傅已逝世，他的儿子做的，纸上有一滴油。

回忆老师傅的话："非炸也。只不过是把生的东西，用油将它变熟罢了。"

部位

一碟白切鸡上桌，你会先选哪一个部位吃？洋人当然挑鸡胸肉，或者鸡腿。东方老饕则喜欢吃带骨的部位，没肉都不要紧。

牛的体积较大，选起来不容易，吃什么部位，要看做什么菜。炒芥蓝的话，最好用牛肉档内行人所谓的门腱，切成薄片，炒起来虽有点韧，但是很香。煲牛腩的当然用崩沙腩这个部位，带肉带筋，才好吃。肥牛用来吃火锅，牛尾烧罗宋汤，但说到变化，还是牛膝，除了肉，还能享受骨中的髓。

羊肉则是在羊腰附近的肥膏最美。羊腿吃起来很豪放，像鲁智深一样抓一臂猛啃，快活之极，膻味，不可少。

猪肉每一个部位都是美味，最高境界是肚腩的三层肉或叫为五花腩的。红烧起来，隔条街都闻到，做东坡肉，更是绝品。将五花腩切片，和四川榨菜一齐铺在白饭上，加点虾酱，炮制出来的煲饭，一流。相较之下，背脊部分的肉排就被比了下去，但洋人喜欢，菲律宾家政助理也最为拿手，没话说。不过用上等的黑豚来做的tonkatsu，也可以柔软得用筷子切开。猪手猪脚煲糖醋姜，猪皮烤得脆啪啪，猪头肉拿来卤，都是好材料，至于猪尾，煲花生，也百食不厌。当年猪颈部位，是内行人所谓的肉青，没什么人会欣赏，只用来做腊肠，因为价贱。我曾经大力推广，现在大家都爱吃。如今可以再介绍包在猪肺外面的那层薄肉，叫猪肺网，台湾人称之为官䗩，也是一个冷门的部位，它带点筋，煲起汤来绝不输猪腱，值得一试。

　　至于人肉，哪个部位最好吃？曾经访问过一个婆罗洲的食人族酋长，他说是拇指和食指之间的那块肉，最好吃。

前世

到一家新开的羊肉火锅店去试菜，发现羊肉只有一种，虽说是什么蒙古的羊，要多好有多好，但是冻成冰，削为一卷卷，吃不到羊膻味，也吃不到其他什么肉味，颇失望。

埋单时一个人头要花近两百元，也不便宜，但店不大，又不是财团经营，还是算了，吃完不指名道姓去批评它。

本来觉得内地来的大机构"小肥羊"的价钱愈来愈贵，但是与那间店一比，还是值得的。至少他们的羊肉还有几种可以选择，要那些最好的，还是好吃。

又，他们的汤底不折中，还是那么辣，至少吃得过瘾，那些新开的羊肉店已经完全迎合香港人的口味，汤底淡出鸟来。

既然想吃羊肉，就要有羊肉味，你说膻也行，不去碰它是你的损失。我们这些嗜羊者，非得吃出羊味不可，你的膻是我们的香。不然，什么肉都是一样，不如吃大笨象，反正它们肉多。

最怀念的还是在北京吃到的羊肉。有一家店，玻璃橱窗中挂着新鲜的羊腿，是当天屠宰后由内蒙古空运，师傅用利刀把腿上的肉一片片割下，较用电锯切出来的厚，这样才有口感，又羊味十足，这才是吃羊嘛。

冰冻后刨出来的羊肉圈，看了最反感。那一大碟肉，涮完剩下一点点，我们已经不够吃，北方汉子怎么吃得饱?

内脏更是香港的羊肉店缺少的。在北京吃，至少有羊肝、羊腰、羊肚可选择，有时还制成羊丸，煮熟后真够味道，比吃什么羊肉水饺或小笼包好得多。

决定今后再也不去不正宗的羊肉餐厅了。一过内地，像深圳，什么羊肉馆子都有，尤其是到了广州，那家穆斯林菜馆的烤全羊，真把我引得口水直流。

我想，我这么爱吃羊肉，前世一定是新疆或蒙古人，错不了。

内脏文化

　　台湾人是一个吃猪内脏的民族。不相信吗？首先提出的证据，是菜市场中卖的内脏，比香港贵。曾经问过澳洲的一家著名烤肉店的老板："为什么你们不吃内脏？"他回答得妙："我们也喜欢，但是烹调技术没你们高。"的确，像肠类的，肌肉组织强，弄得不好，如嚼胶皮圈，处理得不干净，更是令人作呕。

　　台湾人吃内脏的技术又有什么了不起？啊！家庭主妇做菜，把一副猪肝洗净，找出它的主脉，用一支针筒，将酱油、花椒、八角等香料调配好，注射进去，等酱料布满整个猪肝，最后拿去蒸得刚刚熟，风干之后切片，就那么上桌，也把人吃得非干光整碟不能罢休。宿醉早晨，没有什么比喝猪内脏汤更佳，向街边小贩要了一碗猪肠汤，他用一个小锅，把清水一滚，抓一把切段的肠子扔进去，用筷子涮它一涮，再加把姜丝，下点盐和味精，即成。喝完肚子舒服无比，上班去也。

　　大餐厅中更把猪腰炒得出神入化，有爆油炸鬼、海蜇，加点糖醋，马上起镬的。那些猪腰一点异味也没有，又加酸甜的刺激，是天下美味。这次去台湾，在下榻的丽晶酒店后面的林森北路上，听说有间叫高家庄的，专卖米苔月，消夜去试。所谓米苔月，不是南洋人认识的银针粉，而是像乌冬的长粉条，无甚吃头，但是发觉周围的客人都叫了一碟卤猪肠，也来一客。进口感到肠中的膏味甚美，肠本身又软熟又香喷喷，才明白为什么客人吃上瘾。你听了怕怕？那是你的损失。胆固醇分两类：够胆吃下去的胆固醇，是好的胆固醇；又怕又不光明正大吃的胆固醇，是坏的胆固醇。台湾人那么爱吃，也吃不出毛病，你怕什么？

自杀

香港人学吃鱼生，都从鲑鱼开始。

上了瘾之后，无鲑鱼不欢。当今平均每天要吃掉三万公斤的鲑鱼，政府统计处数字显示，香港每年在鲑鱼上的花费是四亿港币。

我再三地呼吁：要吃鲑鱼刺身的话，一定要去可靠的寿司店，阿猫阿狗开的千万别去。其他鱼生，摆久了就变色，只有鲑鱼还是那么橙红，为什么？因为养鱼场给它们吃的饲料中加入了一种叫"角黄素"（canthaxanthin）的化学品，所以肉坏了也保持鲜红鲜黄。

本港的《食物内染色料规例》允许使用这种色素，说联合国粮食卫生组织也认为吸取这种色素对健康不会造成影响。怎么可能？就算没影响，那么腐坏后产生的细菌呢？

欧盟食物安全组织最近的研究结果：吸入过量"角黄素"的话，这种物质会积聚于视网膜，影响视力。开始禁止使用，今后由欧洲输入的鲑鱼，将由橙红色变为灰白色了。

我们还不知死，拼命吃，吃到眼睛盲了，已经太迟。起初的鲑鱼，九成是人工饲养。

很明白鱼生的诱惑，确实是美味。我们最先接触的是金枪鱼（maguro），因为日本人并不吃鲑鱼刺身。当年的金枪鱼都在日本捕捉，肉质佳，才好吃。现在的maguro 是在印度和西班牙抓到，运去日本再出口香港，它的种不同，也没那么好吃了。

大家要是想学吃鱼生，那么从金枪鱼最肥美的肚腩（toro）开始好了。toro 的话，不管是印度的或西班牙的，都有水平。

当然，toro很贵，但要得到一种新口味，还是由好东西开始。吃到坏的，印象差，就打开不了一个新的味觉世界。

吃了美好的toro，虽然贵，也有好处，就是不会去想到烧炭自杀。

而吃鲑鱼次货，等于自杀。

鲍鱼的故事

有位极富有的朋友，挥金如土，二十多年前来香港，一定要请客吃鲍鱼。当时的两头鲍还很多，我吃得生厌，只肯用汁捞饭。

现在买两头干鲍？大概要到拍卖行中才找得到。四五头者，已是近十万一斤了，两头的可遇不可求。

另一位朋友为人看相，很准，特别爱好鲍鱼。为一暴发户解开疑难后，此人非常感激，请看相的朋友去海鲜餐馆。

"来个二十头的鲍鱼好不好？"侍者问。

看相的朋友虽然喜欢吃鲍鱼，但从来不知什么叫做几头几头，以为二十头的很厉害，客气地说："来个两头的好了。"

主人抓破了头，也叫不到餐厅拿两头鲍鱼出来。其实二十头和两头吃起来相差那么大吗？两头鲍鱼，如果用蚝油来烧，也是枉然；二十头的煮得好，已是美味。

最基本的做法是用老鸡、火腿、猪皮和猪脚去炆它。火候怎么控制？失败过三四次便能掌握。如果看到大师傅又加蚝油又打茨粉当汁，必为邪道。

当今吃鲍鱼的虚荣已传到内地去，吃将起来，日本人晒多少干鲍也不够应市。加上海水的污染，野生的大鲍鱼迟早绝种。

这次旅行，有林先生夫妇做伴，林先生说了一个鲍鱼的故事：内地友人一直要请他吃日本吉品干鲍，说是某某餐厅有两头的，他半信半疑地接受邀请。上桌一看，一大一小，样子不像，吃了一口，即刻皱起眉头。

"这种鲍鱼怎么能说是两头吉品干鲍？"他问餐厅的captain，"你们怎么可以这么欺负顾客？"

captain懒洋洋地："绝对没错，是两头鲍。一个罐头里面，两个鲍鱼嘛。"

个性肉

有位读者传来电邮："同意你的说法，蛇肉吃起来像鸡。你有没有试过吃鳄鱼肉？它也像鸡。"

我回电邮："你说得对，鳄鱼肉吃起来的确也像鸡。为什么我们还要伤害那个可怜的家伙呢？"

第一次接触的鳄鱼肉，是爸爸的学生林润镐兄拿来的，妈妈有哮喘，镐兄是一个通天晓，说它可针对此症，从印度尼西亚找到一大块新鲜的鳄鱼尾巴来清炖。

汤妈妈喝了，那块白雪雪的肉由我们子女四人分享。

鸡还有点鸡味，鳄鱼肉连鳄鱼味也没有。不甘心，第一次去澳洲旅行，就在土族餐厅叫了一大块鳄鱼扒，不觉任何古怪，也留不下任何记忆。

这一类的肉，叫没个性肉。

邻居红烧猪肉，隔几条街都闻到；家炊牛腩，也令人垂涎；羊肉那种膻味，吃了上瘾，愈膻愈好吃，都叫有个性肉，都好吃。

没有个性的肉，吃来干什么？

在澳洲也试过袋鼠和鸸鹋，同样吃不出什么味道来。一碟烧烤，三块肉，插上小旗，教你什么是鳄鱼、什么是袋鼠、什么是鸸鹋。把旗拔掉，满口是肉，但分不开是哪一种。

所谓的野味，其实都没有个性，要是那么香的话，人类早就学会养畜，野味也变成家畜家禽，不再珍贵。

　　鹅和鸭一般人吃不出有什么分别，但不要紧，都有独特的香味。兔肉也有个性，只是不好吃，所以流行不起来，很少人养兔来吃。

　　据说狗肉最香，猫最甜，猴子也不错，但为什么不吃？有灵性嘛。为了好吃而要杀它们，不忍心。如果你下得了手，那么吃人肉好了，相信是最有个性最好吃的了。

猪油万岁论

老友苏泽棠先生，读了八月十六日的《国际先驱论坛报》中一篇赞美猪油的文章，即刻剪下寄给我，说想不到"猪油万岁论"竟有洋人在纽约发表，中西互相辉映。

谢谢苏先生了。对于猪油的热爱，和许多老一辈的人一样，来自小时候吃的那碗猪油捞饭。在穷困的年代中，那碗东西是我们的山珍海味，后来生活环境好的孩子不懂，夏虫语冰。

在繁荣稳定的社会中，猪油已被视为剧毒，它是众病根源，活生生的胆固醇，一碰即死。也许是肥胖的猪给的印象吧？猪油真是没那么坏，相信我，我吃到现在已六十年，一点毛病也没有。

你坚持吃健康的植物油？我也不反对，我只是说植物油不香而已。

什么叫健康的油呢？任何油都不健康，要是吃得太多的话。但一点油也没有，对身体只有害处。

经济转好的这二三十年来，餐厅所用的油几乎清一色是植物油。问侍者是否可以用猪油来炒一炒，即刻看到面有难色的讨厌表情："不，不，我们是不用猪油的。"

唉，好像走进了一间素菜馆。

吃植物油就那么安全吗？只吃植物油会促使体内过氧化物增加，与人体蛋白质结合，形成脂褐素，在器官中沉积，会使人衰老。此外，过氧化物增加还会影响人体对维生素的吸收，增加乳腺癌、结肠癌的发病率。

这是专家们供应的数据。我们常人，不知什么叫过氧化物，也不懂得什么叫脂褐素，但是长期食用植物油，老人斑就生得多，就是那么简单。

我们虽然不想再用专家术语来混淆各位对油的认识，但请容忍一下，要听一听脂肪的组织。脂肪酸包括三类：一、饱和脂肪酸（动物油包含较多，在常温下会凝固）；二、多元不饱和脂肪酸（植物油包含较多，在冬天也还是保持液体状态）；三、单元不饱和脂肪酸（可以降低血液中有害的胆固醇）。这三种脂肪酸形成一个三角形，互相依靠，缺一不可。只有当体内三种脂肪酸的吸收量达到一比一比一的比例时，营养才完善。

如果饱和脂肪过多，像吃大量的猪油牛油，体内的胆固醇增高，高血压、冠心病、糖尿病跟着来。

要是多元或单元不饱和脂肪酸过多，像整天吃粟米油或所谓最好的橄榄油，在人体里面会产生过氧化物，有致癌的潜在作用，摄入过量，对身体不利。

任何一种油都不可能提供全面的营养。

但是，猪油是最香的，那不容置疑。至于饱和脂肪，牛油有六十六个巴仙，猪油只有四十一。至于有用的抗胆固醇的单元不饱和脂肪，猪油有四十七个巴仙，粟米油只有二十五。

好了，我们看洋人把牛油大量地涂在面包上，吃西餐时，我们也照做，一点不怕，还觉得有点假洋鬼子的味道，这是什么天理？

吃斋时，厨子把蔬菜或豆腐皮炒得那么油腻，虽说花生油的饱和脂肪只有十八巴仙，而猪油有四十一，但分量加倍的话，也等于在吃猪油呀！

简单来说，植物油对防高血压和心脏病确有帮助，但是，它们在烹调过程中容易产生化学变化，可以致癌。动物油较为稳定，致癌性较小。我们别着重一方面来吃，今天植物油，明天动物油，也很健康的。

最可怕的，应是经过提炼的植物油，美国已开始禁止。在美国超市中有许多所谓"处理"过的植物油，可以除去难闻的气味，还说能消除种子中有害物质，但这些处理过的油，有益的成分也处理掉，而在处理过程中，致癌可能性增高，非常危险。

有一个调查，集中了北京四十个一百岁以上的老人，问他们的饮食习惯。大多数寿星公都说喜欢吃红烧肉，而且几乎天天都吃。难道猪油是那么可怕吗？

做调查的人进一步实验，发现经过长时间文火烧出来的肉，脂肪含量低了一半，胆固醇也减了五十个巴仙，对人体有益的多元不饱和脂肪却大量增加。

吃惯猪油的人如果一下子全部改吃植物油或一点肥肉都不吃的话，长期低胆固醇导致食欲不振、伤口不易愈合、头发早白、牙齿脱落、骨质疏松、营养不良等等毛病，那才可怕呢。

猪油对皮肤的润滑，确有好处，而且能保暖。小时候看游泳横渡英伦海峡的纪录片，参赛者都在身上涂上一层白白的东西，那就是猪油了。

在英国，最高贵的"淑女糕点"（lady cake），也用大量猪油；法国人的小酒吧中，有猪油渣送酒；墨西哥的菜市场里，有一张张的炸猪皮。猪油的香味，只有尝过的人才懂得，他们偷偷地笑："真好吃呀！真好吃呀！"

味精随想

味精，学名为谷氨酸钠（mono-sodium-L-glatamate），英文简称为MSG。中国厨艺界中还有一个别名，叫它为"师傅"。这是一种能够增添食物鲜味，刺激味蕾的东西。府上食物中，多多少少都有一点味精，像我们煲的黄豆汤，感觉到甜，就是味精在起作用。

怎么制造的呢？最早期用海带提炼，产量少；中期由大豆和麸筋得来，也只有四分之一左右；后期大量生产，从蔗糖取得。过程十分复杂，并非一般人所能一一了解，要研究的话可先取博士学位。

友人之中，有两个极端的反应：石琪兄对味精过敏，一吃后心跳加速，脸红耳赤，口干舌燥；倪匡兄试了大叫好，自称他们江浙人吃味精长大，说非常可口。

有些人还说吃味精可以致癌呢，在二十世纪七八十年代争论尤甚，"中国餐厅症候群"更是听了令人生畏的一个名词。

到了一九九二年，美国医药食物管理局才正式发表味精对人体无害的结论。这一来，我们都可以放心食用，味精也得到它应得地位。

当今，全球有二十个国家生产味精，年产量达到四十万吨了。但是为什么有人一碰就完蛋？这些人体质过敏，是无药可医的。像倪匡兄有一洋女婿，身材高大，是位国家潜水员，他来香港，只吃错了一粒花生，人即刻倒下，又怎么说呢？

我见过吃味精吃得最厉害的，就是四川人。他们爱吃辣喜啖麻，但一碰到略为咸的东西，大叫："咸死人也！"甜的也很受他们欢迎，尤其是"鲜"这个字，因为又麻又辣把他们的味蕾都杀死。遇到鲜，如获至宝，吃火锅时，先来一个碗，添一匙味精进去，再倒点汤，从此把鱼和肉烫熟后就往味精水中浸，吃个不亦乐乎。

未尝过味精的人，试了也会惊为天人。好友导演桂治洪，在美国的墨西哥人区开了一家薄饼店，生意滔滔，墨西哥人吃了他的薄饼感到十分甜美，皆因下大量味精之故。他说："薄饼吃完大为口渴，可乐又能卖得多了。"

我在墨西哥城拍电影时，住了一年，和尚袋中也藏了一瓶味精。和工作人员一块儿进食时，常撒一点在他们的食物上，大家都纷纷向我索取这瓶神奇的东西，我就是不给。

和倪匡兄一样，我对味精并不反感，生命之中也只试过一次味精中毒，那是在台北街头吃早餐的时候。久未到台湾，看到小贩卖的切仔面、鱿鱼羹、蚵仔面线等等，每一摊都叫一碗来吃，那么多，只能吃一小口，刚好小贩在食物上都撒一茶匙味精，我吃得满口都是，结果心跳、头昏、口渴，差点便到医院求救。

在日本生活那八年，也是每天接触到味精，他们的味噌汁，虽说是用柴鱼和昆布熬出，但主要的还是下了味精。

当今大家对味精嫉恶如仇，但认为日本人的"出汁"（dashi）粉没问题，其实还不是味精做的？更有一些大厨，骄傲地宣布："我从来不用味精，只加鸡粉！"

味精随想 | 253

鸡粉不是味精是什么？笨蛋！

家母刚去世，为老人家吃素，到了斋菜馆，吃到的东西都有味精，下味精的手势惯了，很难改的。

还是印度斋菜好吃，印度人不懂得用味精，在咖喱中下点糖算了。我做菜，也尽量学印度人，如果要鲜甜一点，就用糖了！

很多人吃方便面，看到那一小包粉末，即刻大叫味精而丢掉，结果泡出来的面淡出鸟来，一点也不好吃。我做方便面时，也把那包粉弃之，但我先用虾米或小江鱼干熬了汤，有了鲜甜，才能放弃"师傅"。

为了怕味精，很多人找出代用品，什么甘草汁、草菇汤等。更有人用甜菊叶，它很甜，可是发现会致癌，结果不敢用之，但日本人不吃这一套，很多食物里都有甜菊叶，别以为他们的东西很安全。

其实，味精只在一九〇八年由日本人池田菊苗发明，历史并不长。从前的人要提起鲜味，用的是什么呢？答案最简单，用上汤呀。

什么叫上汤？一斤肉熬出一斤汤来，就是上汤了。通常大厨会用老母鸡来熬上汤，炒什么菜都加上几匙，如果你怕味精，那么照做可也，可惜当今的人都没有工夫，买包加乐牌鸡粉泡上汤好了，该死！

对味精敏感的人，我有一建议，那就是熬大豆汤了。买几斤大豆，也不要几个钱。洗干净后，用一大锅水煮三四个钟，剩下汤汁可以用玻璃罐装起来，放进冰箱，做任何菜都可以加点进去，一定甜美，味精也是由大豆提炼出来的呀。

味精，日本人通称"味之素"，有个小故事：最早的味之素用铁罐装着，备有一挖耳勺般的小匙，只下一点，那么一大罐可用很久，销路不佳。最后有一个职员把那胡椒瓶似的容器的洞开大几倍，一撒就是很多，结果生意额增加，这个人被升为该公司的经理。

我曾经问过味之素公司有没有这一回事，得到的官方回复是："没听过。"

蛋白

世界上最普遍的食物，莫过于鸡蛋。

要怎么吃都行，任何形态皆可，鸡蛋能生吃、煮熟、煎、炸、炆、卤；圆的、扁的、碎的，数之不尽。穷人富人，都吃蛋。

第一次接触的鸡蛋，是养的母鸡所生。妈妈拾起来交给我，拿在手中，还是暖的。啄一小洞，叫我啜啜，有股腥味，但有营养嘛。当年，有营养的东西并不多。

记忆从三岁开始，生日那天，依潮州人习惯，烩个鸡蛋来祝寿。用张红纸蘸了水，把颜色涂上，以呈吉祥。

剥了壳，蛋白享受完毕，飞机来轰炸，父母拖我们的手赶紧逃入防空洞中，剩下的那粒蛋黄，引人垂涎，怎可不吃？顺手一抓，吞进喉中，梗住，差点呛死。从此，只吃蛋白，不吃蛋黄。

生鸡蛋现在已没什么人吃，怕有细菌。只剩下日本人照食不误，他们的早餐有生鸡蛋，打入饭中，捞它一捞，就那么吃下去，真是恐怖。

我连半生熟蛋也不敢碰。妈妈怕我身体弱，加几滴白兰地引诱我吃。果然中计。酒鬼本性，是与生俱来。

不尝此味已久，到新加坡，咖啡店中还卖半生熟蛋，怀起旧来，要了两粒，打在碟中，不吃蛋黄，只吃蛋白，淋上黑漆漆的老抽，加点胡椒。用茶匙舀黏在壳上的蛋白，但可惜每次都焓得太生，蛋白太少，不够喉。

炒蛋的蛋黄倒是可以接受的，菜脯蛋内的更好吃，奄列当早餐也不嫌弃。引申出去，鸭蛋也不错，做起咸蛋百食不厌，"镛记"的皮蛋一流。

每天做梦，梦到蛋。到南非去时，到鸵鸟园，摄影组叫我示范蛋料理，就来个茶叶鸵鸟蛋。蛋的花纹比瓷瓶还美，吃得过瘾之至，天下美味也。

芝麻

在大阪Tokyu Hands餐具部，看到一个粉盒般的东西，有条手柄，铝制，上面有盖，盖上打了一个个小洞。团友们问我是什么，原来是一个煎熟芝麻的锅。

打开盖，撒几把芝麻下去，合上，放在火炉上不断前后摇动，慢火煎之，等到发出浓厚的香时，芝麻已熟。这时候，用一个大陶钵，钵内有斜纹，把煎好的芝麻放进去，再用一根木棍揉之，便能把芝麻磨碎。

芝麻日本人称之为"胡麻"（goma）。磨芝麻，日语为goma suri，有讨好或拍马屁的意思。

当今磨芝麻，已少人用陶钵了，在小型电动搅拌机一打，芝麻碎即成。

到了拉面店里，桌上都摆着一个塑料制的磨芝麻器，由三个部分组成：下面大，上面小，底部有个盖子，打开了把芝麻倒进去，将中间的容器转过来，下面是另一个盖子，有个小手柄，旋转这个手柄，芝麻就磨碎了撒出来，跌落汤面中。现磨之故，味道又香又美。

电视的饮食节目，大篇幅介绍芝麻的好处，说吃了皮肤光滑，又能抗老，由食物专家和营养学家出来说明，做出种种科学分析，引证吃芝麻的益处。吃芝麻，变成城中话题。

芝麻有白的、黑的和黄的，哪一种成分最佳？答案是：全部一样的。

生吃好，炒熟好，或是磨碎的好呢？证实是炒熟后磨碎的，养分最容易被人体吸收。

香港人买芝麻油，哪一个地方产的最佳呢？日本的质量控制得最好，也没什么假货。买一瓶日本的麻油回来试试，发现并不如中国制造的香。

印象最深的还是台湾麻油，在乡下一个小镇看小贩们现炒现磨现榨，香味横溢，用来炒麻油猪腰，一流，想到此，恨不得马上飞去，大嚼三碟。

酱油

对于酱油，我有一种痴恋。厨房里，各种各类，至少有数十瓶之多。

小时候常跟父亲到他最好的友人许统道先生家中吃饭，最记得的是，一桌人坐下，菜未上，已闻到酱油的香味。

那是最纯正的生晒酱油，至今一直追求那种味道，未果。

也喜欢福建人做的，叫为酱青的酱油，街边小贩用的多是，味道原始，豆味极重，也不断在找，还亲自到厦门尝试，吃不到。

来到香港，才知道酱油叫为生抽和老抽，这只是广东人独有的名称，说给外地人听，是不懂得的，他们只分浓的或淡的罢了。

去了日本，发现清一色的都是"万字"牌制造的酱油，味道还好，煮起红烧肉来不会产生酸味，只是香味并不突出。多属生抽类，像我们老抽的，则叫"溜"，用来点刺身。喜欢用的，是"万字"牌出品的旅行装，长方形的小胶袋，一包包很方便携带，到了外国吃早餐时，拿出来撕开淋在炒鸡蛋上，邻桌的东方游客好不羡慕。

台湾出品的酱油，最标青的是"西螺荫油"，浓似浆，蘸猪肺捆那部分的肉，最佳。民生公司也制造"壶底油精"，像Tabasco那么小小的一瓶，加了甘草，吃起来带甜，也很特别。

香港"颐和园"生产了"御品酱油"，一小瓶要卖到百多块，相当地香浓，但不是我小时候吃过的味道。

前一阵子去了"杨氏肉骨茶"，试过他们由马来西亚运来的酱油，有点像了，老板装在矿泉水瓶中送了我，珍之。

"李锦记"生产的酱料，一向较为大路，普及众人。最近推出的"双璜生抽"走高级路线，成绩斐然。其实这家公司的商品已卖到全球，多一些这种高档次的，摆在巴黎或纽约的名食品店里，广告费投资在擦光招牌中，无往不利。

梅粉

一向只吃一味榴梿，近年来开始可以接受一点其他的水果，皆拜赐于一种叫"梅粉"的东西。

任何不够味的生果，撒上些梅粉，即刻变成奇珍异果那么好吃。梅粉是什么做的？说穿了，也不过是糖精和话梅的粉末。这是台湾人发明的玩意儿，在街边档吃番石榴片时，小贩一定从小瓮中舀出一匙粉末，放在碟边，让顾客去蘸来吃。吃呀吃呀，我吃上瘾来，不可一日无此君。

也不是家家的梅粉都好吃，有些只是一味死甜，并有强烈惹人反感的糖精味，好的梅粉淡淡地不抢主人地位，默默地在一边协助。那么一丁丁，即可改变水果被人吃了即吐出来的命运，非常伟大。

"我还是喜欢用酱油来点。"朋友说。那是南洋的吃法，和梅粉根本是两回事儿，热带的小贩在档口上摆了一大玻璃碟，先加砂糖和辣椒片，最后倒入浓黑的酱油，小孩子把切开的水果，如酸得令人掉牙的青芒果片等，往酱油里头蘸，吃起来就又酸、又甜、又咸、又辣，刺激死人。虽然没有像梅粉那么惹味，但是毕竟用的都是天然的材料，比较健康，梅粉的糖精是化学东西，吃多了人会生病。

但是吃西瓜时没有梅粉，便像缺少了些什么，很甜的西瓜就这么吃没问题，遇到淡而无味的，还是要靠梅粉。

　　台湾制造的梅粉之中，也只有一种最好吃，一罐罐玻璃瓶卖的，叫"古味梅粉"，纸包上还有两颗梅和梅花，并写"古味公司"。这是一家高品位、精致、古典和唯美的公司，吃了觉得是名副其实，一点不假。

大蒜情人

如果食物中少了大蒜，是多么大的一个损失。要是不会欣赏大蒜，那和不懂得喝酒一样，是一个没有颜色的人生。

我一热镬，撒把蒜茸在油上，空气已充满蒜味，大师傅形象即刻出现。人们用羡慕的眼光看我："你炒的菜，怎么那么香？"任何一种形式的大蒜吃法，我都能欣赏。首先是生吃。一瓣瓣细嚼，那阵燃烧喉咙的感觉，岂是山葵（wasabi）能够匹敌？大蒜炸后炆肥猪肉、炆鳗鱼等，都是天下美味，就算是炆很素很素的菠菜，也变成了荤。炒螃蟹更少不了蒜茸，日本人最怕大蒜味，但是他们的铁板烧，没有了蒜片，怎么做也做不好。吃白切肉时，酱料中加了蒜茸，连无辣不欢的四川人也能满足。台湾菜有酱油膏，用来蘸猪肺捆或者绿竹，也非加蒜茸不可。

问题出在大蒜的臭味，吃完之后喷出来的，比沙林毒气还要致命。这都是相对的，没有臭就显不出香，蒜头是先香后臭，榴梿则是先臭后香。都是王者。为旁人着想，我每次看到蒜头食物，都犹豫一阵子，吃还是不吃？吃了有什么办法除臭？相传是喝牛奶、浓茶，但都是道听途说，没有用的，如果谁能发明除大蒜臭法，即可得诺贝尔奖金。无臭大蒜，种是种了出来，这简直是亵渎神明，像没有生殖器的动物。

最后的解决方法：到韩国去吧！一踏入韩国，大蒜味已在空中飘浮，几乎没有一种食物不含大蒜，再也不必避忌。我们爱韩国女朋友爱到死，和爱大蒜，一样。蒜痴同党，一齐上路，到大蒜天堂去!

茄汁

"那一桌的客人要茄汁！"意大利侍者跑来向经理投诉。

"什么？一定是美国人，不然就是日本人！"经理摇头。

加盐或加胡椒，已是不敬，遇到傲慢的法国厨子，干脆说别做他们的生意。茄汁，变成了低级、没有品位、不会欣赏食物的代名词。

ketchup或catsup这个名字，说起来，还是中国人取的。它由马来语kechap演变，但是我们却知道马来话受了福建话的影响，是由"茄汁"叫起。

到了美国，茄汁可是日常生活少不了的东西，有一个很有趣味的统计，说全世界人类的厨房中，放有茄汁的多过有盐和胡椒的。

美国人可以说什么食物都想加茄汁，最普通的当然是热狗，没有黄色芥末还可以原谅，但少了茄汁，简直吃不下去嘛。

在麦当劳快餐店里，包装成一小袋的茄汁任取，客人第一件事就是淋在薯条上，再乱挤些进汉堡包中。哈，那么难吃的东西，是可以理解的。

吃牛扒时，也要淋茄汁。在花园中的烧烤，更无茄汁不欢。我还看过小孩子喝西红柿汤时，还加茄汁呢。

最大的制造商，就是Heinz了，一年生产六亿五千万瓶，问你怕未？

Heniz这家公司近年来也出特醇Light的，减少卡路里三分之一；又有另一种叫One Carb，少掉七十五巴仙的甜味，适合糖尿病者食用；最流行的是有机茄汁Organic Heinz，供应给怕农药的人吃。

茄汁的古方，传说是Heinz的始创人Henry John Heinz在一八七六年发明，但我相信是英国人开始做茄汁的，因为他们的食物实在太难吃。

当今一提Heinz，就是等于ketchup。它已成为一个帝国，弄到要在南美洲各个小国种植西红柿，才够产量。虽然Del Monte和Birds Eye也出茄汁，始终敌不过它。

这家公司除了出茄汁，也做婴儿食物、金枪鱼罐头、卖马铃薯和冷冻食品，更卖西红柿的种子，叫为Heinz Seed，拍胸口说没有经过基因改造。

茄汁的做法，基本上是用大量西红柿，加醋和西芹等蔬菜，香料则用了众香子、丁香和肉桂，下镬煮成浓浆，装入玻璃瓶中。也不一定完全用西红柿，有一条古方，是用蘑菇来代替的。

有人问Heniz说："你们的茄汁有没有加味精？"

这家公司的高干回答："已经有糖在里面，可以不用加味精了。"

另一个常问的问题是："一瓶茄汁，打开之后，需不需要冷藏？"

答案是："茄汁里面的酸性极重，本身已是防腐剂，不必放进冰箱，冷冻了有水气，反而容易变坏。"

最关心的还是犹太人，他们要吃kosher料理，质问有没有动物质在里面。

Heinz绝对不会放弃犹太人这个市场，当然不肯加任何违反kosher菜的原则的东西。

说到Heinz，人们不会忘记和布殊竞逐的Kerry，娶的老婆Teresa，是Heinz的后代。提起政治，在一九八一年，列根的财政高官要减预算，建议在免费供应学生的午餐中，减去蔬菜，用茄汁来代替，后来这个提案被所有的人取笑，不了了之。

美国人爱吃茄汁，也影响到中国菜，什么炒虾仁、咕噜肉，都要用它。

日本人更爱跟美国风，凡是有鸡蛋的菜，都加茄汁，他们著名的蛋包饭，上面一定有一道红红的东西。

连印度人也爱上了，他们的炒面，要用茄汁把咖喱酱染红。当沙律吃的青瓜片上，也都要淋茄汁才过瘾。

韩国菜是较少用茄汁的，他们不像日本人那么崇洋，也从来不觉得西红柿是什么大不了的食材。

其实美国人做的茄汁，一味是甜，没多少西红柿味，干脆是吃糖好了。又不是甜品。

喜欢茄汁的话，可以自己做，买一公斤的西红柿，加四分之一公斤的苹果，四分之一的洋葱，四分之一的醋，四分之一的糖，添些盐、胡椒、辣椒和丁香，水盖住食材，煮两个小时，等汤浓得变成酱，即成。

现成产品，被老饕们公认为最好的是英国Daylesford牌子的西红柿酱，用有机西红柿制作。有兴趣的话，可以上他们的网站。

Heniz的玻璃瓶包装，一看就认出，瓶口很阔，但因浓酱吸住，有时不容易倒得出来。

国外有个笑话，说一个年轻尼姑思春，男朋友有性要求，她不肯，就叫她用手帮他解决。少女尼姑不懂得怎么做才好，跑去问老尼姑。老尼姑拿出一瓶Heinz茄汁，叫她学习。第二天，少女尼姑愁眉苦脸，说把事情搞砸了。老尼姑说："我不是叫你用茄汁瓶学习吗？"少女尼姑说："我照做了，但是摇不出来，我只有把瓶倒翻了，用力去拍呀！"

蘑菌菇蕈

人生中最初接触到的食用菌类，是最普通的冬菇。小时吃，觉得奇香，是宴客时才上的高级材料，后来出现大量农场种的，就不稀奇，味道也失去了。

当今冬菇上桌时，吃也只吃它的棳，斋菜中有一道冬菇棳，拆开后很像江瑶柱。冬菇本来是中国人首先吃的东西，结果给日本人沾了光，现在外国人也用日本名称呼，叫shiitake人人都知道是冬菇。

我带美食旅行团去冈山吃水蜜桃，行程也安排去一家叫"美作园"的，可以参观冬菇的培养，把一节节的松木斩断后钻些小洞，放进冬菇的胎胞就能长出，新鲜摘下来后烧烤，真是美味，值得一游。

再下来吃到的是蘑菇，以为是黄颜色，因为多数是罐头食品，后来在菜市上才看到新鲜的蘑菇，纯白色。它的白，白得非常可爱。蘑菇很甜，百食不厌。到外国旅行时酒店的自助早餐经常有煎蘑菇，最爱吃了。

晒干后的草菇也是我们家里常吃的。在冷水中泡一泡，洗净了沙拿去煮汤，呈褐黑色。本来不引起食欲，但是把鸡胸肉片成薄片，待汤全滚时扔入，即刻熄火。汤黑中带白，很美丽，也特别甜。这道菜任何人来做都不会失败。在外国生活时，找不到草菇，用羊肚菌（morel）干或牛肝菌（porcihi）干代替，效果更佳。

第一次试大蘑菇（portabella）是在意大利，放在碟中，有整块牛扒那么大，用刀叉锯来吃，不逊肉类。这种菇在欧洲诸国和澳洲常见，香港超市出售的是由荷兰进口，看到了一定买下。做法很简单，在平底镬中下点牛油，待生烟，就把大菇放下去，面朝底。蘑菇不可水洗，只要用厨纸擦干净就行，有了水滴就喷到满脸油。煎个两三分钟，看菇的厚度而定，再翻过来煎一煎，最后淋上酱油，即上桌，香甜无比。谁都会做，不妨一试。

十多二十年前，竹笙打进香港市场，当时惊为天人，还传说是生长在竹筒里的囊。其实也只是菌类的一种，在云南很多，新鲜的切块后打火锅来吃，算不了什么。

当今流行健康食物，菇类大行其道，云南和各地都有野菌宴。都是吃菇，非常单调，总有不满足的感觉，那么最好是把它当成早餐。早上吃清淡一点也好，一碗汤更解宿醉。上次在昆明，就叫酒店为我们安排一人一个小边炉，桌上摆满菌类自助，味道和形状离奇的有鹿花菌、桦草菌、白蛟伞、星孢寄生菇、白香蘑、灰鹅膏菌、细褐鳞蘑菇等等，当然少不了出名的鸡枞菌。拿来白灼，多生多熟自主。汤底是用山瑞肉熬出来的，多了动物味，吃起来就不觉得寡了。

黑松露菌法国人当宝。它埋在土里，起初是拉了一头猪去闻出所在挖出来的，后来猪抢先吃掉，人不甘愿，就放弃用猪，改养狗代之。狗较笨，服从性强，不会偷吃，但法国人也不太信任它，最后靠自己的鼻子，弄得满脸泥巴。这种菌极少，要很珍惜地吃，刨一点和鸡蛋一齐炒，最便宜的东西配上最贵的，也不错。意大利的白松露菌也是此般吃法，非常寒酸。我曾经在巴黎的一家名店买了一樽泡渍的，每瓶都有鱼丸那么大，一粒一千港币，一口食之，才觉得有点过瘾。

日本的松茸也是珍品，最典型的吃法是切一小片，放在一个像小茶壶的器具中，加鸡肉、银杏、鱼饼炖汤，称之为土瓶蒸（dobennushi）。可别小看这一片东西，香味全靠它了。真正的日本松茸香味奇佳，但产量极少，不道德的商人还把铅粒塞在菌中增加重量。当今在日本市面看到的，如果价钱略为合理，都是韩国产。韩国的，味道大为逊色，后来又发现中国有同样的东西，我们叫为松口蘑的，日本人就大量进口，价钱更便宜了。但是内地松茸得个甜字，已无甚香味可言。反而是在泰国清迈找到一种小粒的菇，皮爽脆，咬破之后甜膏喷出，比什么黑白松露菌和松茸都好吃。

说到贵，我们不可忘记冬虫夏草也属菌类，灵芝当然也是菇。前者今日身价何止百倍，后者要找野生的，已经几乎绝迹了。

和女人一样，最甜美的最毒，外表极为鲜艳的菇我们一定要小心。有时它们也常扮平凡状，样子像普通的羊肚菌，叫为假菌（false morel）的，吃死了很多人。有种叫灯笼菌（Jack-o'-Lantern）的，在暗处甚至会发光，香味浓郁，采者以为可食。最可怕的是amanitas，也叫为"摧灭天使"（destroying angel），吃一小块，即死！

读过卡洛士·康斯坦尼所写的一系列《唐璜的教导》，对迷幻的菇产生很大的兴趣，我在南美洲拍戏时一直要求当地工作人员替我找些来试试，但他们推三推四，原来不好找，巫师们才拥有一些，终于没吃上。

不过在印度尼西亚的海边上，小贩们卖的蓝色奄姆列倒是尝了。把幻觉菇混入鸡蛋中煎，吃过之后全身舒服无比，白沙沙滩变为云状的沙发，望着太阳，晒上三个小时，一点也不觉时间过得快。对身体无害，够胆可以一试。

神秘的豆蔻

豆蔻（nutmeg），又有人叫为肉豆蔻（mace），一直被混淆。在十七、十八世纪，荷兰的东印度公司垄断世界上大部分的香料贸易，设在阿姆斯特丹的总公司的官员，写信给管辖殖民地的下属说："多生产一点肉豆蔻，少产些豆蔻！"

大家都没想到的是：肉豆蔻和豆蔻，都是同一棵树长出来的。

我这次去了槟城，欣赏了这一棵学名为*Myristica fragrans*的树，仔细分析了豆蔻和肉豆蔻的分别。

豆蔻树可从三十呎长到九十呎高，叶茂盛，由枝头长出水蜜桃般大的果实来。熟透了，这粒黄色皮的果实会裂开，露出褐色的核，核的外层包着红色的假皮，假皮有血管般的裂痕，而这假皮，才叫肉豆蔻（mace），肉豆蔻包着的核仁叫豆蔻（nutmeg），包着肉豆蔻的那层厚肉，中国名叫豆蔻肉，英文名就叫nutmeg fruit了。你说容不容易混淆？

到了槟城，你可以看到菜市场中有大量的豆蔻肉出售。小贩们用利刀切成一片片，但有一部分因连了起来，用手一推，像一把扇那么打开，加糖腌制，发酵后就变成一种很普通的蜜饯，吃起来有很独特的辛辣味。豆蔻被当地人认为可以祛风，又好吃又有药用价值，很受欢迎。

至于叫肉豆蔻的那层红色的假皮，当地人拿来煲老鸭汤，说富有风味，我试了一口，并未感到有什么特别的味道，可能是下得少的缘故。

但是欧洲人已经把豆蔻当宝了，吃什么东西都加一点豆蔻下去，才认为是美味，身上带着一个磨，把晒干了的豆蔻随时磨粉来吃。

著名的美食家Elizabeth David著有一本书叫*Is There a Nutmeg in the House?* 被翻译成《府上有肉豆蔻吗？》。其实用"豆蔻"二字已经足够。她在书中说："十八世纪的人喜欢随身携带豆蔻磨刨，去餐厅，参加上流社交舞会时用来刨磨香料加入热饮……我认为这是很文明的时尚，觉得应该复苏，口袋里放着这把小刨到处去，非但一点也不傻，而且顺手得很。"

Elizabeth在牛油芝士里、菠菜上都撒豆蔻，她说几乎所有奶酪料理，都少不了用豆蔻调味，意大利厨房中没有一粒豆蔻就不叫厨房了。英国料理不像意大利菜那么懂得发挥，通常是把豆蔻加在布丁、蛋糕，以及鲜奶油里面，或乳冻甜品、奶糊及牛油中。

不过，肉酱冻、香肠、馅饼等就不用豆蔻（nutmeg），而是用肉豆蔻（mace）了。两种东西的香气相似，但前者粗糙，甜味略逊，较为辛辣。

我在槟城见到的豆蔻产品除了蜜饯之外，还有豆蔻油。白色的油可治抽筋、扭伤、刀伤、烫伤。放一两茶匙于滚水中，还能内服，治肚痛，据说十分有效。红色的油浸着肉豆蔻，这层假皮当地人叫为"花"，浸在油中，药效与白花油相同，但不能内服。

把豆蔻果核仁磨成粉，加在油膏之中，像万金油，但味道不那么古怪，就是豆蔻膏了，可治蚊咬。伤风咳嗽，搽之立愈云云。

豆蔻也广泛应用于化妆品工业，如制造香皂、洗发露和香水等，当今流行香熏按摩，用的油也有豆蔻做的。

说到发源地，则应该是印度尼西亚的Moluccas。希腊和罗马菜肴的记载中，并没有豆蔻。原先是葡萄牙人发现它的好处，十七世纪荷兰抢印度尼西亚为殖民地，把豆蔻带到欧洲来，这一下子惊为天人，成为最贵重的香料之一。英国人要等到十八世纪才在槟城种豆蔻。到最后，在东印度群岛的Emenada大量种植，全世界的老饕才普遍得到享受。

来到法国和意大利，常见他们用一种叫Bechamal的酱汁炖牛肉、煮菠菜，尤其是在马铃薯上常撒几滴，是用豆蔻做的。豆蔻能做成饮料，也入酒呢。

欧洲人对豆蔻的爱好已接近疯狂，又何况说它壮阳。其实它含有的豆蔻油醚，是一种能够引起幻觉的化合物，不过医学上研究表明，得要大量地吃，才有那种效果，不然早就被嬉皮士们拿来代替大麻了。

中国人除了南洋华侨，对豆蔻似乎没多大兴趣，但早已有研究。李时珍在《本草纲目》中把豆蔻分为草豆蔻和肉豆蔻，更加令人混淆，但亦有红豆蔻者，可能就是假皮mace了。他说草豆蔻岭南皆有，可是现在在广东一带，还是罕见的。

但是唐朝人的见识甚广，杜牧《惜别诗》曰："娉娉袅袅十三余，豆蔻梢头二月初。"又有注解为："豆蔻，草本植物，其状娇嫩，小如妊身，用喻处女也。"故，"豆蔻年华"一语，由此产生。经常使用，不知其所以然。吃了，觉得味道辛烈，比较薄荷纤细得多，但是也不会学洋人老饕带个刨子去刨那么喜爱。

豆芽颂

石琪兄喜欢吃黄豆大豆芽，我却独钟绿豆小豆芽。蔬菜之中，唯有它百吃不厌。

从小就爱吃豆芽，总是用筷子夹了一大堆下饭。爸妈看了，笑骂说："简直是担草入城门。"

方便面里，加些豆芽，我已经觉得很满足。豆芽的烹调法也可以谈个没完没了，清炒最妙，用油爆香大蒜瓣后炒几下，半生不熟时，加点鱼露几滴绍兴酒，不下味精也香甜，比什么大鱼大肉好。

佐以韭菜、鲜鱿、猪肉、牛肉，或任何一种其他的食物，豆芽都能适应，它是性情很随和的东西。

有了余暇，一面看录像带一面拣豆芽也是一件大乐事，把它的头和尾摘下扔在一旁，中间部分用盘子盛着，堆成一堆，像白雪，还时以"银芽"来形容，更是切题。

谈到摘头摘尾，有个朋友发明了一个理论，那便是把绿豆撒在麻布袋上，加水发芽后由麻布中长出，用刀子将头尾刮去，剩下来的便是完美的豆芽。这办法只听说过，没有看到它实践。

有一天发起神经，学占代御厨，用尖刀把豆芽挖心，酿上切成幼丝的火腿精肉，结果炒后都掉了出来，白费心机。

豆芽性情高傲，水质不佳者养出来的都是干干瘪瘪，南洋一带的便是如此。用蓄水池的水生产的也不够肥胖。

最好的豆芽要以清澈的井水或山泉养之。

现在国人也爱吃豆芽，他们将它煮熟了掺入沙律。

美国人把一种袖珍绿豆培养出头发样的豆芽生吃，我试过扔在汤中，味道不错。

日本人不知在水里加了什么维他命之类的东西，豆芽肥白得像婴儿的手指，即刻想吻，但并不香甜。

泰国人生吃，点以飞蛾酱，又腥又辣，又是另一境界。

不要轻视豆芽价钱低微，不登大雅之堂。宴席上的鱼翅，也要它来帮助，才能衬托出更好的滋味。

蔬菜王者，豆芽也。

面线颂

面线这种食物好像只能在福建或潮州可以吃到，它雪白幼细，一束束地用一张小红纸捆在中央，排列于纸盒内，名副其实地像少女缝衣所用之针线，美丽得很。

广府人不懂得烧面线，香港少见。目前它只流行于台湾和东南亚一带有福建和潮州华侨后裔的地方。

通常的吃法是以汤煮之。在拉面线时让细丝分开，撒上些米粉，烧时如果不过水，那么清汤就会变成浓羹了。家庭式的面线汤佐以肉碎、冬菜和芫荽，淋上小红葱头爆香的猪油。就这么简单的一碗东西，是多么地难煮，因为火候不够就太生，烫久了又成浆糊。上桌时一定得热腾腾地吃，不然混在一起，样子和味道都不佳。主妇们花尽心血捧出这碗面线，还要在一旁监视你吃。用筷子一夹，香味扑鼻，面线似山涧流水，一条条清澈可喜。烫喉吃下，味美无比。

那么细的面线，还可以用来炒，配以银芽和肉丝，炒得条条分开，各自有弹性，相信当今的大师傅也没有几个能做到。

这次在新加坡听到一家福建名店有炒面线一味，即刻试之，哪知道炒出的面线是用台湾产的较粗者，色棕，滋味和功夫都不到家，非常失望。此类面大概是掺了什么薯粉做的，台湾街边的蚝仔面线就是以它为原料，性坚硬，煮上三两小时也不糊，怪不得能轻易炒之。

福建菜谱还有一道叫猪脚面线的，那是把面线烫熟后做底，淋上红烧得极柔软的猪脚和它的汤汁，让油分渗透在面线，令其不粘连，也是珍味。

另一样只能在高雄吃到的是金瓜炒面线。大师傅把金瓜刨得像面线那么细。两种最难处理的原料混在一起炒，达烹饪艺术的高峰。这要台湾土生土长的老婆才知道，问一般台湾人，听都没有听过。

拉面线和拉面条不同，要两个人分工合作。听说一位老师傅丧妻后就不拉了，因为这对夫妻一呼一吸都互应，只有他们在一起，才能做出完美的面线，可惜没有口福尝试。

罐头颂

和方便面一样，我对罐头也百吃不厌。

家里的厨房一定摆着很多罐头，最喜欢的是默林牌的红烧扣肉和油焖笋，一般罐头都有个罐头味，只有这两样如现烧现炒。

野餐时开罐茄汁沙丁鱼夹面包，是难忘的儿时印象。其实沙丁鱼罐头很容易吃腻，吞一两条后就摆下。吃不完最好是摆在冰箱里，第二天用小红葱爆香，淋上蒜泥辣椒酱，亦是美味。通常我只喜欢挪威出产的小罐沙丁鱼，浸以橄榄油，中间有颗指天椒，不要小看它，这小家伙把鱼的腥味辟尽。

罐头是平民化的食品，价钱一贵就失去它的意义。小时吃车轮牌鲍鱼并非大事，记得常是一个大配上一颗小的，母亲用筷子插着后者让我生啃，现在想起都流口水。只是目前一罐价钱已卖得像天文数字那么高，已无好感。

以前的日本螃蟹罐头也便宜，招待洋朋友，将亚华上度牛油果剖成两半，取出巨核，填以罐头螃蟹肉，挤点柠檬再滴他巴斯叩牌辣椒汁，他们吃了没有一个不赞好。

有时候懒起来，就开罐狄蒙尔的奶油粟米，再加一罐梅李牌的小香肠（鸡尾酒用的那种），一餐就很容易地解决。台湾名菜"瓜仔鸡窝"用的酱瓜只有日光牌最好。做法简单，把鸡斩块后和罐头瓜一齐放入火锅中煮，其他牌子的一煮就烂，日光牌越煮越脆，越滚越入味。吃剩的瓜第二天再烧，汤比首次做的还要鲜甜。

回到学生时代，老师赶鸭子般地带我们去参观杨协成罐头厂。为我们解释的是个三十岁左右，当时我们认为"老"的职员。他身材矮小，略胖，不喝酒也满脸通红。我们看的是咖喱鸡的制造过程：大锅煮好，入罐、上盖、封密，然后放入压力炉中以高温蒸之杀菌。老职员说："做罐头，不能用普通的鸡，它们一经过压力炉就烂了，用的肉要越硬越好，各位记得，一定要用像我一样老的鸡！母的更好！"

啤酒颂

大暑，喝冰凉的啤酒固然是一大乐事；天冷饮之，又是另一番味。寒冻下，皮肤欲凝，但内脏火烫，一大杯啤酒灌下，嗞的一声，其味道美得不能用文字来形容。

啤酒的制造过程相信大家都熟悉：将麦芽浸湿，让它发酶后晒干，舂碎之加滚水泡之，取其糖液渗酵母酿成酒，最后加蛇麻子所结之毯果以添苦味，发酵过程养出二氧化碳之气泡。有一天，我一定要自己试试。

世界各国都在酿啤酒，好坏分别在各地的水。水质不好，便永远做不好啤酒，东南亚一带，就有这个毛病。美国是一个例外，它的水甘甜，但是永远酿不了好啤酒，可能跟美国人不择食的习惯有关。

气氛最好的是在德国的地窖啤酒厅，数百人一齐狂饮，杯子大得要用双手才能捧起，高歌《学生王子》中的"饮、饮、饮"。

或是静下来一边喝一边唱一曲哀怨的《莉莉玛莲》。

英国的古典式酒吧，客人两肘搁在柜台上，一脚踏在铁栏，高谈阔论地喝着"苦啤"，它颜色棕黑，甜、淡，很容易下喉，一连饮十几大杯子不当一回事。

法国人不大会喝啤酒，他们只爱红白酒和白兰地，越南人跟他们学的三三牌啤，淡而无味。

酒精最强的应是泰国"星哈"和"亚米力"，比例与日本清酒一样高。一次和日本人在曼谷，各饮三大瓶，他有点飘然，问说这酒怎么这么强，我说你已经喝了一点八公升的一巨瓶日本酒了，他一听，腰似断成二节，爬不起身来。

韩国人极喜欢喝啤酒，是因为他们民族性刚烈，大饮大食，什么都要靠量来衡量，最流行的牌子是OB，只有他们把啤酒叫成麦酒，我认为这是一个很恰当的称呼。

啤酒绝不能像白兰地那么慢慢地喝，一定要豪爽地一口干掉。三两个好友，剥剥花生，叙叙旧，喝个两打大瓶的，兴高采烈，是多么写意！唯一不好的是要多上洗手间。

饮酒是人生一乐，醉后闹事的人就不是喝酒而是被酒喝了。

醉龙液

好酒之人。我问你，你一生试过最强的酒是什么？

茅台？伏特加？高粱？大曲？特奇拉或乌苏？这些酒的确是很烈，你也曾经败在它们手下是不是？但是，一熟悉他们的酒性，还是可以控制的。

南洋一带有一种酒，却是让你抓不到它，那是逢饮必醉的椰酒。

什么是椰酒呢？

在热带的椰子林中，你可以看到一个马来人或印度人，腰间绑了十几个小陶瓶，像猴子一样地爬上二三十呎高的椰树。树顶叶子下，有数根长得如象牙一般大小的绿枝，枝中开出奶白色的花朵，花谢后就变成一粒粒的小椰子。乘椰花开的时候，酿酒人将花用刀削去，在根尖处绑上小陶瓶，再把酒饼磨成粉撒在枝上，整棵树的营养都集中在这枝上，吐出液汁来供给果实的长成。液汁滴注入瓶，土人三两天后便来采取，这时已酿成美酒。

椰酒是半透明的乳白色，上面还浮着泡沫，一口下喉，差点就即刻要吐出来。因为它是一种滋味特奇的饮品，有如发了霉的池塘水加上香槟。喝喝就上了口。越来越觉得味道不错，清凉无比，啤酒可以站到旁边去。它是原始的，自然的。

为什么逢饮必醉呢？要记得酒饼并没有停止发酵，喝进肚子，它还不断地在你的胃里制造酒精，直透胃壁，入血液，通大脑，不到一会儿即见效。酿酒者那天脾气不好就多撒一点酒饼粉，那就醉得更快了。

喝这种酒的人通常是印度的劳动者，他们在烈日下修路，当时的英国政府以此来麻醉他们，免费地让他们喝。收工后在一个没有椅子的酒吧中，印度工人排着队，一个个醉倒被人抬出去。

我念初中时第一次尝此酒，要求一个印度朋友带我去。轮到我的时候不管三七二十一，把大铁罐的几公斤椰酒狂饮，即觉肚子中一阵阵的高潮，四肢游移不定，晃荡倒地。

这种酒，龙也控制不了，故称之醉龙液。

下酒

用什么来下酒？这是一大门学问。花生米最普遍，但是我认为这是最单调和最没有想象力的下酒菜，叫我吃花生，我宁愿"白干"。

我反对的只是吃现成的花生，偶尔在菜市场看到整颗的新鲜落花生，买个一二斤，用盐、糖、五香和大蒜煮熟，剥壳吃个不停，又另当别论。

自制红烧牛肉，当然是上等的下酒菜，但嫌太花时间，要是有那么多余暇来准备，那花样可真不少，炸小黄花鱼、芋头蒸鹅、酱鸭舌头，举之不尽。花钱花工夫的下酒菜，总觉不够亲切。

在庙街档口喝酒的外国水手，掌上点一点盐，也能下酒，其乐融融。家父友人黄先生，没钱的时候用一把冬菜，泡了开水干上两杯，比山珍海味更要好。

岳华和我两人，在日本千叶的小旅馆，半夜找东西下酒，无处觅寻，只剩一条咸萝卜干，要切开又没有刀子，唯有用啤酒瓶盖锯开来吃，亦为毕生难忘的事。

三五知己见面，有时碰到比相约更快乐，拿出酒来，有什么吃什么，开心至极。家里总泡了一罐鱼露芥菜胆，以此下酒，绝佳。

至于现成的东西，我喜欢南货店里卖的咸鸭肾，切成薄片，一点也不硬，又脆又香。要不然就是日本的瓶装海胆掺鱼子或海蜇、韩国的金渍和酱油大蒜、意大利生火腿和蜜瓜、泰国的指天椒虾酱，最方便的有宁波的黄泥螺，都比薯仔片等高明得多。

最近由两位舅舅处学到的下酒菜，我认为是最完美的，各位不妨一试。那就是在天冷的时候，倒一小杯茅台，点上火，拿一尾鱿鱼，撕成细丝，在火上烤个略焦，慢慢嚼出香味，任何酒都适合。

把一个小火炉放在桌上，上面架一片洗得干干净净的破屋瓦，买一斤蚶子，用牙刷擦得雪亮，再浸两三小时盐水让它们将老泥吐出。最后悠然摆上一颗，微火中烤熟，波的一声，壳子打开，里面鲜肉肥甜，吃下，再来一口老酒，你我畅谈至天明。

仿古威士忌

喜欢喝烈酒的人，先从中西分别。

前者叫为白酒，与餐酒的白酒不同，是酒精度极高的米酒，像茅台、五粮液和二锅头之类。后者有俄国的伏特加、墨西哥的特奇拉和意大利的果乐葩，但最具代表性的，还是法国的干邑和苏格兰的威士忌。

各有所好，如果白兰地和威士忌给我选，我还是会喝威士忌的。

认识威士忌，通常由Johnnie Walker开始，数十年前，有一瓶红牌，已是不得了的事，后来生活水平提高，大家又喝黑牌去，近年出的蓝牌，酒质甚佳，是喝得过的威士忌。

但是像Johnnie Walker和芝华士等名牌威士忌，都是采取不同的麦种来酿造，有混合威士忌（blended whisky）之称，喝久了，满足感没那么强。

这时你便进步到喝单种麦牙威士忌（single malt whisky）的层次了，在此简称为单芽威。而喝单芽威，开始时总是选Glenfiddich、Glenlivet等名牌，渐入佳境后，世界公认为最好的单芽威，还是麦佳伦（Macallan）。

市面上能买到的麦佳伦，通常有十二年和十八年的，能买到二十五年的已很不错，如果你拿出一瓶三十年的，苏格兰人，像苏美璐的先生，已认为是极品，每瓶要卖到四千三港币。

我喝过的是the Macallan 50，水晶瓶是手工做的，头上的铜盖，是用蒸馏器打出来。藏了五十年，"精美绝伦"四个字，可用于瓶子和酒质。

当今仿古，麦佳伦出了一瓶Season 1841，是依照当年产品的包装制成，其实年份只有八至十年罢了，但是酒质奇佳，售价比十八年的贵，要卖到二千一百一瓶。

喝单芽威是不加水的，像白兰地一样就那么喝，昨天和朋友，三人午餐干掉了一瓶，面不改色，喝后也不头痛，是爱上烈酒的主要原因。

照喝

有时酒欲不佳，吃饭时只喝普洱，但是如果你拿出一瓶泰国威士忌，湄公牌的，又有狮标苏打水的话，我不会拒绝。

它是天下最难喝的酒。味道不像威士忌也不似白兰地，是独特的，但一配上狮标苏打水，便成为了绝品，百喝不厌。

只有懂得吃正宗泰国菜的人，才会欣赏。中菜喝花雕，西菜配红白餐酒，日本料理配清酒，吃泰国菜，当然是湄公威士忌了。如果餐厅不供应的话，绝对不值得"光顾"，和意大利馆子不卖果乐葩（grappa）的例子是一样的。

喝出瘾来，泰国杂货店也有得卖，在九龙城的"天外天"可以找到，价钱也便宜得令人发笑，小樽三百七十五毫升卖六十二块港币，大瓶的七百五十毫升，一百一十大洋。

那么贱价的饮品，在泰国可是最大宗的生意，泰国最有钱的人叫Charoen Sirivadhanabhakdi，就是湄公牌威士忌的老板。Chang Beer啤酒，也是由他生产。

这家厂本来是私营的，最近想卖七百万股，股价相当于七亿一千三百万美金。

酒鬼们认为是好事，但是和尚和卫道人士都出来反对，说这么一来，引导国民喝更多的酒，是件坏事。

抗议者一共有一万人，摇旗呐喊步行到证券总行阻止该公司发行股票，他们本来资助英国球队Everton来比赛的，为了这场抗议，也只有延期到二〇〇八年了。

法律上，酒公司发股票并不是罪，但是泰国是一个佛教国，违反教条，总是不智。

另一方面，喝酒也是纾缓情绪的一种方法，佛教种种禁忌的压抑下，人民喝点酒是可以理解的。根据世界卫生组织的调查，泰国饮酒量在全球排行第五，不是说笑的。

除非政府不稀罕酒税，全面禁止，不然，不论上市与否，人民还是照喝的。

香槟

香槟有什么好喝？你说。酸溜溜的，吞下去满肚子是气。

但是，香槟的确是最高的享受，要是你明白喝香槟的精神。

价格的高昂或低廉并非主要的条件，香槟最美的时候，是付出了脑力或体力得到了成果的时候。香槟是用来庆祝的。足球员赢得世界杯，一级方程式格兰披治的胜出，等等等等。

我们在法国拍《龙兄虎弟》，成龙在千多呎高的气球上拍完了那个镜头之后，所有工作人员围上去狂饮香槟，哪一个说它不好喝呢？

一般人常见的开香槟是把樽子摇动，让香槟发泡，然后再解开铁线，把木塞推出，但是地道的办法并不是这样的。当天事情成功的那一刹那，法国人拿了香槟，拔出大刀，大力地往瓶口一削，咔嚓一声，波的巨响，气泡喷出，将玻璃碎片冲个干净，就那么灌入口中，喝得满身是酒，你想想，这是多么豪爽和痛快！

和女朋友吃饭，开瓶香槟，心中又暗暗地计算这瓶酒要花多少钱，但又要在她面前耍派头，咧开嘴忍痛地喝下，那种香槟，就算是Dom Perignon，也是酸溜溜的，吞下去满肚子是气。

柏隆：最风流的酒器

在欧洲，品位极高的餐厅多不是著名字号，多数很小巧，很私人化，不见经传的。好的厨子，来不及照顾太多道菜；殷勤的侍者，认为客人一挤就招呼不够。来这些小餐馆的人，都已经是旧交。

当然要先订位，但到达时还是要等。地方小，连酒吧也不设，客人只有挤在衣帽间闲聊。巴萨隆纳就有好几家这么别致的餐厅；不同的是，在柜台上摆了一个"柏隆"。

"柏隆"是一种酒器，构造简单。玻璃师傅用气管吹出个圆球，摔一摔，球状的玻璃液下坠，拉着一条长管当柄，像一个瓢瓜，用剪刀剪断，再把剩下的玻璃吹成一枝尖管接上。大功告成。

客人在等位子的时候，张开大口，抓起柏隆一倒，红酒便由小口喷出，直射入喉。那个喝酒的姿势，是雄赳赳的，是高傲的，潇洒到极点。

几个男人，你喝完后我喝，我饮尽了你干杯，将柏隆传来传去。大家都不用杯子，省了洗涤不说，还那么卫生：什么东西都不用沾，由容具直接射入口腔。

西班牙的另一种酒器是皮袋，要用手去压，才能挤出酒来。柏隆没有那么麻烦，空气由柄上那个大口压下来，酒从管中的小口喷出，合理得很。

酒乡亚丽雅的酒店里，有一个个大酒桶。桶顶一定有个柏隆，客人试过之后，才决定买哪一种酒。最过瘾的，是试这些酒都是免费。等位子时由餐厅供应，试酒时理会不用给钱，只要你有酒胆，喝完一个柏隆又喝一个，老板们绝对不皱一下眉头。

但是，并非每一个西班牙人都会用柏隆。上了年纪的加德兰人最拿手。他们举起容器，酒一倒出来之后便慢慢地将手拉开，让酒瓶和口腔的距离越拉越远。懒洋洋的下午，常见孤独的老头在那样灌酒，澄黄太阳的反照之下，射出那长长的一道酒发光。此情此景，美得像一首诗。

我第一次看到西班牙人以柏隆喝酒时，好奇心促使我一定要试试。到底，我认为不是一件难事。

好友安东尼奥当然不会拒绝。他很客气地说好的好的，叫酒吧的侍者，指着我，叽里咕噜地大概是说这个家伙要用柏隆喝酒。

乡下地方的人很纯朴，他们不会掩饰自己的感情。大块头的侍者脸上即刻现出一种神情——有好戏看了。

酒一拿来，旁边几张桌子的客人也都把注意力投在我身上。

安东尼奥自己不会用柏隆，他要那个土佬侍者示范一下。

侍者做了一个"这么简单的事你也不懂"的表情，轻易地举起柏隆。酒射出，他喝了一大口，将瓶子仰一仰，酒停止喷出，倒滚回瓶中。

我迫不及待地将那个柏隆抢了过来，一瓶一公升，拿在手上也是重重的，我张口要喝。

"等一等！"安东尼奥说完，好心地拿一块餐巾替我围在颈项下，我不屑地将它拉掉，表示天不怕地不怕。

对准着嘴，我把柏隆里的酒倒出来，在那一刹那，酒喷出，射到我的眼睛！

我即刻就收手，但用过了力，那道弧线的酒不听话地浇到我的头发上，弄得满头满脸都是红酒。

周围的人"爆笑如雷"。

归途中，一身酒味，酸酸甜甜的，好不尴尬。安东尼奥一直忍不住吃吃地偷笑。

受过了这场耻辱，我决心把喝柏隆的功夫练好！到市场去买了一个，拿回公寓。

每天，当我洗澡的时候，先将柏隆装好白开水，然后一面淋花洒，一面实习喝酒，反正是全身湿了，失败了也不要紧。

一个星期下来，我已经能够把柏隆射出来的水，一滴不漏地喝进嘴里，但是，白开水没有什么喝头。

当晚，我穿了笔挺的黑西装，打条鲜红的领带，携着几名美女，和安东尼奥去到刚提到的那家别致的餐厅。柜台又是摆着那瓶柏隆，我的表演机会来了！

一举瓶，酒射出，我轻松地喝了一口红酒。

安东尼奥和女人们拍掌叫好，我果然赢了这口气。

侍者和厨房里的大师傅也跑了出来看热闹。见我喝过了之后，大师傅兴起，叫助手拿出另一个柏隆。哇，这一个足足可以盛三公升那么巨型，大师傅用力一手举起，咕噜咕噜地不停地喝，中间，他停下，打了一个嗝。

"喝柏隆，不是只喝一口，要一连灌下才有豪气！"大师傅像教小孩一般地说。

我对那瓶大的没有信心，举起一公升的小瓶，让酒迎面喷来。我张大了口喝之，但注满一口之后我想把酒吞入胃，喉咙却说什么也不听话，怎么都灌不进去。说时迟那时快，酒溢了出口，西装和白衬衫已被酒染红。

周围的人又"爆笑如雷"。

还要硬着头皮，好辛苦地把那顿饭吃完。窘死我也。

回公寓后，马上冲凉，洗到一半，心有不甘，走出浴室拿柏隆，重新训练。

我们习惯闭着嘴吞东西，原来一面张口一面咽物，是天下最难的事！起初，我将口腔放松，等到充满水，让喉咙一伸一缩地把水吸到胃里。一不小心，水冲入气管，弄得由鼻孔喷出，拼命咳嗽，差点呛死！

失败又失败，渐渐地，我学会控制口腔和喉咙的肌肉。

那天晚上，又带同原班人马到那家餐厅，侍者已认出是我，大叫师傅出来看好戏。

我这次只穿一身便服，他们跷起指头，指着头脑，说："聪明，聪明，弄脏了没有那么难洗！"

我不等他们啰唆，一举柏隆，一口气将它干了，一滴不剩。

头已发晕，只见大师傅走过来，抱住我，叫道："西班牙人，你是西班牙人！"

宣传

每次我看到香港人已不喝白兰地了，就摇头叹气。

曾几何时，我们请客或被邀，桌上不摆一瓶轩尼诗 X.O.或马爹利蓝带，便不能罢休。

白兰地的没落，是给红白酒害的。大家以为餐酒对身体好，喝了医心脏病，加上扮识货作祟，一边倒地给它们占去整个市场。

其实罪魁祸首，还是物极必反。我们那一代放纵惯了，年轻人看在眼，个个都变成循规蹈矩的四方人：烟不抽，酒不喝，头发剪得整整齐齐。

本来内地应该是一个巨大的白兰地市场，他们爱喝烈酒嘛，白兰地岂非对路？

不，白兰地在内地也不见得销路特别好，他们喜欢的只是白酒，所谓的"白"，并非红白餐酒的"白"，而是透明的五粮液、茅台、汾酒之类的东西，气味难闻，喝醉了打噎，久久不散。身上那股味道，冲凉冲了三天，还留在那儿，才称为香。

内地的白酒大行其道，已有来不及酿制的现象，曾经参观过一个酒厂，不见蒸馏器，只是把最烈的酒种拿去兑水，大量生产，很可怕。

白兰地是葡萄的精华，总比什么杂粮酿出来的酒质佳。

也许目前是白兰地复仇的时候了。喝酒的风气也要靠广告，见报纸上白兰地的全版宣传销声匿迹，像是吓破了胆。

记得当香烟还可以卖广告时，没有人买的"万事发"不停登报纸杂志和电视，有多少年亏多少年，结果还不是给他们打出名堂来？

当然日本烟是由政府的专卖公社生产，大把银纸浪费，白兰地不是阿公的，但已被跨国的大企业购买，下多一点钱宣传，日后才有收获。等到白兰地收回失地，我们再去宣扬威士忌好了。

好酒

年轻时住日本，跟大伙儿喝威士忌，对白兰地的爱好不深。后来到香港打工，还是坚持喝威士忌，自嘲有一天连白兰地也喝得惯时，才能在香港长居。

酒瘾发作，到杂货店买。也只有香港这种地方才能在街头巷尾轻易买到上千块一瓶的佳酿。陈年X.O.连在巴黎也要到高级店铺才找到，法国人看到我们这种现象，也啧啧称奇。不过，见不到好的威士忌。渐渐地，我也接受了白兰地，当香港是一个家了。

记得第一次来香港，那是六十年代的事，当时大家流行喝的是长颈的FOV，后来才知道有V.S.O.P.这种酒。小时候偷妈妈的酒喝，有手花、手斧头和三星牌，据老饕说已比后来的X.O.好喝得多，但当年不懂得分辨什么才是好酒，有醉意就得，真是暴殄天物。

白兰地大行其道时，别说X.O.，还能在杂货店买到轩尼诗的Extra。当今虽然有路易十三，但是Extra也只在拍卖行中出现。

很难向不喝酒的年轻四方人解释 Extra的味道如何，只可以形容它不像酒，总之绝对不呛喉，一口比一口好喝。

中国人喜欢的"白酒"，如果醇起来也不错。喝过一瓶茅台，那白色的瓷樽已贮藏得发绿，喝起来也不像酒，连干数杯面不改色。从前很佩服周总理迎接外宾时老干茅台，那么大年纪还是照喝，如果是那种好茅台，相信你也能一杯干了又一杯。

醉意是慢慢来的，像泛舟荡漾，喝多了也不会头晕眼花，舒服到极点。

我最后一次喝轩尼诗Extra，是倪匡兄移民旧金山后我第一次去探望他，他从柜中拿了两瓶，人手一瓶，一下子干个净光。好酒就是那样的，再没有更清楚的说明了吧？

雀仔威

白兰地太香浓，伏特加太霸道，二锅头的质量参差不齐，grappa 好的少。如果将全世界的烈酒综合起来，最后我要选的，还是威士忌。

最先接触到的，当然是 Johnnie Walker 了，当年有支红牌子喝，已算不错，美国人拍的占士·邦式间谍片，男主角喝的也不过是红牌。

红牌喝多了就进步为黑牌，中间也出过金牌，但并不标青，当今被威士忌爱好者喜爱的，一般都是蓝牌。

中间很多人转喝 Chivas Regal，从十二年喝到十八年的。等到该公司的 Royal Salute 一出现，大家认为是至尊，但是有了 Johnnie Walker 的蓝牌，就被比了下去。

其他威士忌有大家熟悉的 Cutty Sark 帆船牌、Dewar's 白牌、J&B绿色瓶子、Old Parr 矮瓶、白马牌和黑白猫牌等等。

法国人不太会喝威士忌，不懂得威士忌加水、加冰、加苏打可以把味蕾打开，只是将威士忌当成白兰地一般纯喝。

其实喝不加冰的威士忌也有，是纯麦芽的 Malt Whisky，后来我们也懂得欣赏了，有低价的 Glenfiddich、Glenlivet 等等。

不过真正喝威士忌的人，不管喝各麦混合的或纯麦芽的，都一致公认the Macallen 为最好。

先从十年喝到十二、十五、十八。有二十五年的已惊人，三十年的当然更好。五十年的，是首选。再老的已经在市场上买不到，要在拍卖行竞投，二六年酿制，八六年入樽的六十年老威士忌，已要卖到两万英镑一樽，喝一瓶少一瓶，价钱年年飙升。

等人家请客时才喝这些贵货吧，和"铺记"老板甘健成把杯，一百多块港币一瓶俗称为雀仔威的the Famous Grouse，喝得不亦乐乎。

爱上果乐葩

grappa并没有一个公式化的中译名，不像白兰地或威士忌。为了免将稿纸摆横写拉丁字母，我们暂时叫成"果乐葩"吧，直到有另一个更适当的译名出现。

果乐葩是红白餐酒的副产品。榨葡萄后的剩余物资，如葡萄皮、枝梗，甚至果核也用上，酿成一种身价最贱的酒，蒸馏之后强烈无比，最初是农民做来过酒瘾的东西，登不上大雅之堂。

邂逅果乐葩，是因为年轻时和意大利友人在树下吃四个钟头的午餐，堆积如山的意粉和大鱼大肉之后，红酒已渐失味道。老头子从一个玻璃瓶中倒出一杯透明的液体要我尝尝，一进口简直是燃烧了喉咙，但那股强劲和香味令我毕生难忘，一见钟情地爱上了果乐葩。

后来一上意大利餐厅，即要求上果乐葩。不卖此酒的食肆绝对不正宗，尤其是在加州的新派健康意大利餐厅，就找不到果乐葩。对于这种忘本的食肆，我感到异常的憎恶，永不涉足。

我把果乐葩叫为快乐饮品（happy drinks）。和白兰地相同，它是饭后酒，但与东方人喝白兰地一样，我是饭前、饭中、饭后都喝的。

最强的果乐葩有八十六巴仙的酒精，空着肚子一喝，人即刻飘飘然，接着的食物特别好吃。一杯又一杯干掉，气氛融洽，语到喃喃时，什么题材都觉得好笑，嘻嘻哈哈一番，所以叫它为快乐饮品。

当然其他烈酒也有这种效果，但是配意大利菜，还是只有果乐葩。吃法国菜从头到尾饮白兰地不是不行，反正老子付钱，要怎么喝是我的事，但法国红酒过于诱人，可以到最后再碰白兰地；意大利红酒好的少，餐厅老板也不在乎你放肆："什么？你喜欢一来就喝果乐葩？好呀，喝吧，喝吧，我也来一杯。"

香港有家很正宗的意大利餐厅叫 Da Domenico，海鲜、蔬菜都一丝不苟地从罗马运到，那些头已发黑的虾，很不显眼，但一进口，即刻感到一阵又香又浓的味道，像地中海风已经吹到。又灌了几口果乐葩，愈喝愈高兴，来一碟用橄榄油和大蒜爆香的小鱿鱼。再喝，不知不觉，一瓶果乐葩已过半，大乐也。

近十多二十年，果乐葩再也不是贱酒，它渐渐受世界老饕欢迎。最有品位的酒吧也摆上几瓶，像一百年前白兰地和威士忌打进市场一样，果乐葩是当今最流行的烈酒，把伏特加和特奇拉挤到一边去。

从前几块美金一瓶的果乐葩，近来愈卖愈贵，选最好的葡萄，去掉肉，只剩皮来发酵蒸馏，瓶子又设计得美丽，已要卖几百美金一瓶了。

只有在意大利做的，才能叫果乐葩，和香槟、干邑等一样。而只用葡萄皮炮制，才拥有这个名称，整颗葡萄造出来的，叫acquavite d'uva。

虽然传统的制法是把枝梗和核也一块儿发酵，但当今的果乐葩已放弃这些杂物，因为它们的涩味会影响到酒质，所以只用葡萄皮，而且是红葡萄比白葡萄好。将葡萄皮压榨后形成的物质叫"渣粕"，渣粕的发酵过程中加水，在欧洲联盟是禁止的，这是有法律规定的，严格得很。

　　发酵过的渣粕煮热后就能拿去挤汁后蒸馏，过程和蒸馏白兰地或威士忌一样，一次又一次，蒸到香醇为止。古老的方法是酿酒者喝了一口，往烈焰喷出，发出熊熊巨火的话，就大功告成，全靠经验。

　　不像其他佳酿，果乐葩只要储藏在木桶中六个月就可以拿来喝，最少放个半年，这也是法律规定。通常用的木桶由捷克的橡木做，小的可以装两千公斤，大的一万公斤。在储藏过程中，果乐葩产生一些甜味，但也有些将糖分完全去掉，我本人还是喜欢略带甜的。

　　种类至少有数千种，哪一瓶果乐葩最好呢？初饮的人会先给瓶子吸引，典型的有 Bottega 厂出产的 Grappolo，瓶子烧出一串透明的葡萄，漂亮得不得了。其他产品的瓶子也多数细细长长，玻璃的透明度很高，瓶嘴很小，用个小木塞塞住；也有圆形的，像个柚子。

　　喝果乐葩也有独特的酒杯。代表性的是 Bremer 厂生产的杯子，杯口像香槟杯那么又长又直，杯底则像白兰地杯般来个大肚子，杯柄和鸡尾酒杯一样细长。

　　果乐葩用不用在烹调上呢？真不常见。不如红酒或白兰地用得多，只加在甜品中，也有些意大利人在烤薄饼之前拿把油漆刷在饼上扫上一层果乐葩，但大抵是对此酒入迷的人才会这么做。

伏特加和占酒常在鸡尾酒中当酒底，以果乐葩代替这两种酒，也是新的调酒方。

如果你问我哪一种果乐葩最好喝，我是答得出的，但不告诉你。喜欢果乐葩有一个过程，那就是每一种牌子都要亲自试一试，尝到最喜欢的那一种为止。像交女朋友一样，找到一个你爱上的，再去试新牌子好了。大红灯笼高高挂的多妻时代已经过去，好在烈酒还能拥有数种，甚至数十数百种，人生一乐。

关于清酒的二三事

日本清酒，罗马字作sake，欧美人不会发音，念为"沙基"，其实那ke读成闽南语的"鸡"，国语就没有相当的字眼，只有学会日本五十音，才念得出sake来。

酿法并没想象中那么复杂，大抵上和做中国米酒一样，先磨米、洗净、浸水、沥干、蒸熟后加曲饼和水，发酵，过滤后便成清酒。

日本古法是用很大的锅煮饭，又以人一般高的木桶装之，酿酒者要站上楼梯，以木棍搅匀酒饼才能发酵，几十个人一块儿酿制，看起来工程似乎十分浩大。

当今的都以钢桶代替了木桶，一切机械化，用的工人也少，到新派酒厂去参观，已没什么看头。

除了大量制造的名牌像"泽之鹤"、"菊正宗"等之外，一般的日本酿造厂，都规模很小，有的简直是家庭工业，每个省都有数十家，所以搞出那么多不同牌子的清酒来，连专家们看得都头晕了。

数十年前，当我们是学生时，喝的清酒只分特级、一级和二级，价钱十分便宜，所以绝对不会去买那种小瓶的，一买就是一大瓶，日本人叫为一升瓶（ishobin），有一点四公升。

经济起飞后，日本人见法国红酒卖得那么贵，看得眼红，有如心头大恨，就做起"吟酿"酒来。什么叫吟酿？不过是把一粒米磨完又磨，磨得剩下一颗心，才拿去煮熟、发酵和酿制出来的酒。有些日本人认为米的表皮有杂质，磨得愈多杂质愈少，因为米的外层含的蛋白质和维他命会影响酒的味道。

日本人叫磨掉米的比率为"精米度"，精米度为六十的，等于磨掉了四十巴仙的米，而清酒的级数，取决于精米度：本酿造只磨掉三成，纯米酒也只磨掉三成，而特别本酿造、特别纯米酒和吟酿，就要磨掉四成。到最高级的大吟酿，就磨掉一半，所以要卖出天价来。这么一磨，什么米味都没了，日本人说会像红酒一样，喝出果子味（fruitiness）来。真是见他的大头鬼，喝米酒就要有米味，果子味是洋人的东西，日本清酒的精神完全变了质。

还是怀念我从前喝的，像广岛做的"醉心"，的确能醉人心，非常好喝，就算他们出的二级酒，也比大吟酿好喝得多。别小看二级酒，日本的酒税是根据级数抽的，很有自信心的酒藏，就算做了特级，也自己申报给政府说是二级，把酒钱降低，让酒徒们喝得高兴。

让人看得眼花缭乱的牌子，哪一种最好呢？日本酒没有法国的Latour或Romanee-Conti等贵酒，只有靠大吟酿来卖钱，而且一般的大吟酿，并不好喝。

问日本清酒专家，也得不出一个答案，像担担面一样，各家有各家做法，清酒也是。哪种酒最好，全凭口味，自己家乡酿的，喝惯了，就说最好，我们喝来，不过如此。

略为公正的评法，是米的质量愈高，酿的酒愈佳。产米著名的是新潟县，他们的酒当然不错，新潟简称为"越"，有"越之寒梅"、"越乃光"等，都喝得过，另有"八海山"和

"三千樱"，亦佳。

但是新潟酿的酒，味淡，不如邻县山形那么醇厚和浓重。我对山形县情有独钟，曾多次介绍并带团游玩。当今那部《礼仪师之奏鸣曲》大卖，电影的背景就是山形县，观光客更多了。去了山形县，别忘记喝他们的"十四代"。问其他人什么是最好的清酒，总没有一个明确的答案，以我知道的日本清酒二三事，我认为"十四代"是最好的。在一般的山形县餐厅也买不到，它被誉为"幻之酒"，难觅。只有在高级食府，日人叫做"料亭"，从前有艺妓招呼客人的地方才能找到，或者出名的面店（日本人到面店主要是喝酒，志不在面），像山形的观光胜地庄内米仓中的面店亦有得出售，但要买到一整瓶也不易，只有一杯杯，三分之一水杯的分量，叫为"一下"（one shot），一下就要卖到二千至三千円，港币百多两百了。

听说比"十四代"更好的，叫"出羽樱"，更是难得，要我下次去山形，再比较一下。我认为最好的，都是比较出来的结果，好喝到哪里去，不易以文字形容。

清酒多数以瓷瓶装之，日人称之为"德利"（tokuri）。叫时侍者也许会问："一合？二合？"一合有一百八十毫升，四合一共七百二十毫升，是一瓶酒的四分之一，故日本的瓶装比一般洋酒的七百五十毫升少了一点。现在的德利并不美，古董的漂亮之极，黑泽明的电影就有详尽的历史考证，拍的武侠片雅俗共赏，能细嚼之，趣味无穷。

另外，清酒分甘口和辛口，前者较甜，后者涩。日人有句老话，说时机不好，像当今的金融海啸时，要喝甘口酒，当年经济起飞，大家都喝辛口。

和清酒相反的，叫浊酒。两者的味道是一样的，只是浊酒在过滤时留下一些渣滓，色就混了。

清酒的酒精含量，最多是十八度，但并非有十八个巴仙是酒精，两度为一个巴仙酒精，有九巴仙，已易醉人。

至于清酒烫热了，更容易醉，这是胡说八道。喝多了就醉，喝少了不醉，道理就是那么简单。原则上是冬天烫热，日人叫为atsukan；夏日喝冻，称之reishyu或hiyazake。最好的清酒，应该在室温中喝。nurukan是温温的酒，不烫也不冷的酒。请记得这个nurukan，很管用，向侍者那么一叫，连寿司师傅也甘拜下风，知道你是懂得喝日本清酒之人，对你肃然起敬了。

寒夜饮品

身体外面温暖，五脏还是寒冷。

一连沏三盅茶：普洱、铁观音和八宝茶。普洱一饼从数十元到几万块，我认为一斤三百的就很有水平。一斤可以喝一个月，平均一天十元，也不能算贵。

铁观音也没有什么准则，到相熟的茶行买好了，他们会介绍给你一种又便宜又好的。太贵的茶，喝上瘾了，上餐厅时就嫌这嫌那，不是一件好事。

八宝茶不算是茶，只是种饮品，求胃口的变化而已。包装的，一包里面有菊花、绿茶、红枣、枸杞、桂圆、葡萄、银耳和冰糖，故称八宝。我总是认为太甜，茶味不足。打开包裹，把几粒大颗的冰糖扔掉，又加了一撮其他茶叶，沏出来的味佳。

普洱没事，铁观音和绿茶喝多了伤胃，用八宝茶来中和恰好，但甜味留在口腔，总是感觉不对，喝口汤更妙。

最佳选择是北海道产的 Tororo 昆布汁。

由海带做的，制作过程我参观过，是把一片很厚的海带放在桌上，员工以利刀刮之，刮出一丝一丝像棉花又似肉松的东西来。现在已不用汉字了，旧时这个发音写成"薯蓣"，是把山药磨成糊状的意思。山药又叫山芋，磨得黏黏的，样子很恐怖。

　　当今卖的"薯蓣昆布汁"很方便食用，把锡纸撕开，里面有个塑料的小碟，装一方块凝固在一起的海带丝，另有一小包所谓的调味品，说是用木鱼熬出来，其实味精居多，还有一包干燥的脱水剂。

　　把这三样东西放在碗里，注入滚水即成，我认为碗里水分装得太多味太淡，放进茶杯刚好。喝起那些昆布丝软绵绵润滑滑的，有些人不喜欢这种感觉，我无所谓，但只限于海带汤，用山芋磨出来白黏黏的那种，就受不了了。

师伯过招

九龙城侯王道七十七号的"茗香茶庄",老板陈氏兄弟,在隔壁开了一间让客人歇脚和叹一杯茶的地方,名为"乐茗会"。每逢星期六下午三时至五时,开班招待客人学习饮茶之道。共八堂,指导冲泡和品茗。供应冲泡工具、茶叶及讲义,学员均获赠紫砂壶一只及茶杯一套。课程包括茶之基本认识、冲泡茶具之应用、选壶、冲泡方法、品茗心得等等。普通客人也可以随时走进去喝一杯,收费二十。参加过学习课程的,均自动成为"乐茗会"的会员,今后在店品茗,免收茶费。

潮州工夫茶道教课的不多,"乐茗会"提供这个机会,实在可喜。对于茶道,日本的那一套太注重礼节,用绿茶粉冲了滚水,再以鞋刷般的竹具来大搞一番,茶本身并不好喝。台湾派的茶不错,礼节上学了日本,有许多不必要的功夫,在我来看,都是硬加上去的,像弄个"闻香杯"来闻一闻,弄个"公道杯"来分茶,等等,都是多此一举。还有喝茶时要用食指遮嘴部,也令人生烦。潮州式工夫茶注重实际,看起来是用小茶壶注入几个小杯中罢了,但是研究起来,颇有功夫。历史悠久的一种传统,自有它的学问,并非玩玩泥沙而已。除铁观音,"茗香"也有很好的岩茶,像武夷水仙就有多种选择。至于广府人喜爱的普洱,课程中也有涉及。

我也向陈氏兄弟的父亲学过工夫茶道，和他们属于同辈。周末大家上课时，如果我身在香港，偶尔也会走进来，就让我这个师伯，和各位过几招。

茶道

台湾人发明出所谓的"中国茶道"来，最令人讨厌了。

茶壶、茶杯之外，还来一个"闻杯"。把茶倒在里面，一定要强迫你来闻一闻。你闻，我闻，阿猫阿狗闻。闻的时候禁不住喷几口气。那个闻杯有多少细菌，有多脏，你知道不知道？

现在，连内地也把这一套学去，到处看到茶馆中有少女表演。固定的手势还不算，口中念念有词，说来说去都是一泡什么什么、二泡什么什么、三泡什么什么的陈腔烂语。好好一个女子，变成俗不可耐的丫头。

台湾茶道哪来？台湾被日本统治了五十年，日本人有些什么，台湾就想要有些什么。萝卜头有日本茶道，台湾就要有中国茶道。把不必要的动作硬加在一起，就是中国茶道了，笑掉大牙。

真正中国茶道，就是日本那一套。他们完全将陆羽的《茶经》搬了过去。我们嫌烦，将它简化，日本人还是保留罢了。现在台湾人又从日本人那儿学回来。唉，羞死人也。

如果要有茶道，也只止于潮州人的工夫茶。别以为有什么繁节，其实只是把茶的味道完全泡出来的基本功罢了。

一些喝茶喝得走火入魔的人，用一个钟计算茶叶应该泡多少分多少秒，这也都是违反了喝茶的精神。

什么是喝茶的精神？何谓茶道？答案很清楚，舒服就是。

茶应该是轻轻松松之下请客或自用的。你习惯了怎么泡，就怎么泡，怎么喝，就怎么喝，管他妈的三七二十一。纯朴自然，一个"真"字就跑出来了。

真情流露，就有禅味。有禅味，道即生。喝茶，就是这么简单。简单，就是道。